中国古代
建筑艺术

柳肃 著

中国建筑工业出版社

目 录

　　世界古代有六大文明——古代埃及、古代西亚、古代印度、古代爱琴海、古代中美洲还有古代中国，这六大文明都是在没有受到其他文明影响的情况下独立生长出来的，自成体系。这六大文明体系中，古代埃及文明以尼罗河流域遗留的许多巨大石块堆砌而成的金字塔和巨型石构的太阳神阿蒙神庙为代表；地处西亚的底格里斯河和幼发拉底河两河流域产生了美索不达米亚文明，其建筑以泥砖构筑的高台形城墙、宫殿、塔庙为主要特征；古代印度文明体现在大量石头建造的印度教和佛教寺庙、陵墓以及宫殿建筑上；古代爱琴海文明的高峰是古希腊罗马的大量石构神庙和公共建筑，并以美仑美奂的各种柱式造型成为西方古代建筑的经典；古代中美洲文明主要是加勒比海地区古代玛雅文明遗留下来的大量奇异的石构建筑——金字塔、庙宇、宫殿等为其典型代表。从建筑的角度来看，在六大文明中埃及、印度、爱琴海、中美洲四个文明都是石构建筑的文明，西亚是一个土石建筑的文明，唯独中国是以木构建筑为主的文明。并且由中国而影响到整个东亚、东南亚，包括朝鲜半岛、日本以及东南亚各国，均以木构建筑为特色。因此，在人类文明史上，以中国为代表的木构建筑作为一种重要的建筑体系，在世界古代建筑之林中独树一帜，成为东方建筑文明的代表。

　　表面看来，石构建筑和木构建筑只是建筑材料的不同，然而在一个文明体系中来看，实际上在不同建筑材料的使用这一基础之上表现出来的是整个生产和生活方式、文化形态、艺术审美以至于思维方式的差异。以木构为特点的中国古代建筑，以及由此产生的文化艺术形态，在数千年的历史发展中，取得了很高的技术和艺术成就，是一份值得永久保存的文化遗产。

　　建筑绝不是一般的工程技术，它不仅涉及科学技术、物质生产、生活方式等物质文化方面，还涉及社会政治、哲学思想、宗教意识、审美观念、民俗民风等精神文化的内容。可以说它是一个时代、一个民族全部社会生活的集中体现，所以人们说"建筑是石头的史书"，一个时代的历史全都可以从建筑上看到，而且比从文字历史中所看到的更直观，更真实。另一方面，建筑又是以一种物质化的艺术形象来表达着各种文化的内涵，所以它往往比其他各种艺术含义更深刻，更广博。

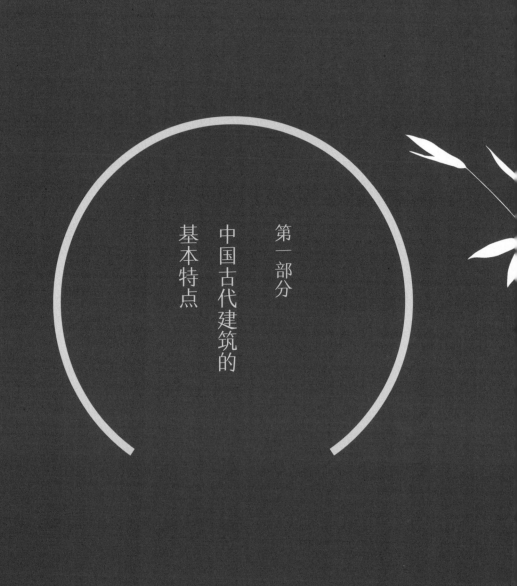

第一部分
中国古代建筑的
基本特点

一

平面布局

中国古代建筑最主要的特色之一是建筑群的组合。西方古代建筑神庙、教堂、住宅等一般都是单栋独立式的，而中国古代建筑除了名山大川中点缀着个别独立的亭塔楼阁以外，所有的建筑——宫殿、寺庙、祠堂、会馆、园林、民居，全都是群体组合，基本上没有单栋的独立建筑。在建筑群的组合关系以及建筑群与周围环境的关系方面，中国古代建筑取得了很高的艺术成就，这是举世公认的。

中国古代建筑以"间"为最基本的单位，由若干间组成单栋建筑，由若干座单栋建筑组成庭院，由若干个庭院组成建筑群。

中国建筑组群方式分为对称式布局与自由式布局，大多数为对称式布局，宫殿、坛庙、寺观、祠堂及一般的民居建筑基本上都采用中轴对称的布局方式。

北京故宫平面图

现存中国古代最大的建筑群，中轴对称布局的典型。整个建筑群由很多个庭院所组成，每个庭院又由若干栋建筑所组成，是中国古代建筑群组合的典型。

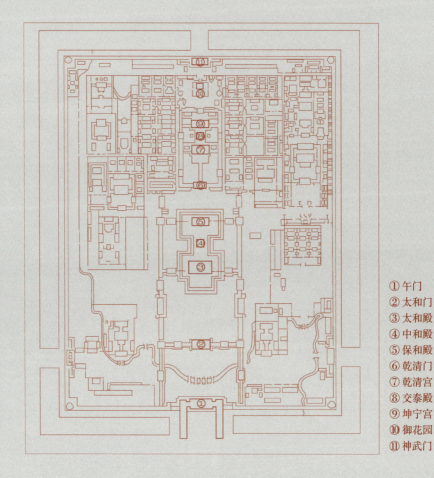

① 午门
② 太和门
③ 太和殿
④ 中和殿
⑤ 保和殿
⑥ 乾清门
⑦ 乾清宫
⑧ 交泰殿
⑨ 坤宁宫
⑩ 御花园
⑪ 神武门

（左）　对称式布局（北京故宫鸟瞰）

这是从北京故宫后面的景山上看故宫的中轴线，宫中最主要的建筑全部处在中轴线上。

（右）　宫殿府第的组合（云南丽江木府）

云南丽江是纳西族的居住区，木府是丽江城中纳西族的王府，相当于当地的王宫。中轴对称的组合方式可以看得非常清楚。

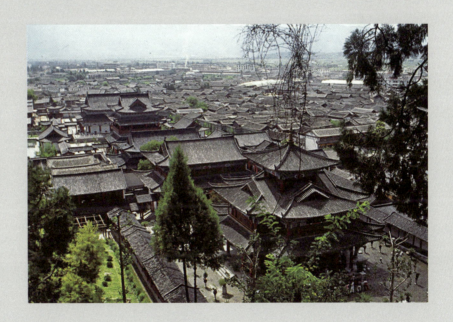

　　庭院一般有三合院和四合院。所谓三合院，即三面建筑围合；四合院即由四面建筑围合而成。庭院布局方式作为一个封闭系统，适应了中国封建社会的生活方式的特征，长幼有序、主次分明，不论宫殿、寺庙或是民居，都是对外封闭、对内开放。

　　庭院的组合方式有纵向递进式和横向扩展式，一般规模较大的建筑群大多采用纵向多重院落的组合，纵向发展造成庄重、威严、神秘的气氛。需要举行较大规模仪式的场合可以做大型庭园；如果是私家生活、读书的场合可以是小庭院。

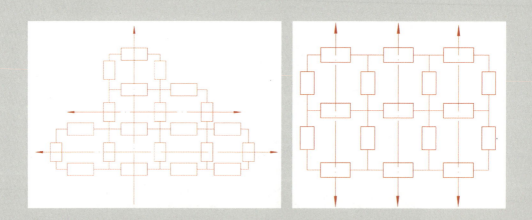

（左）　中国传统建筑群体组合方式示意图
由若干庭院组成的建筑群，可以由纵向和横向的多条轴线组成，纵向轴线是主干，横向的轴线是分支。庭院建筑的数量和规模都可以灵活多变。

（右）　三路并进
庭院组合方式还可以是多路并进的方式。一条纵向的轴线叫做一路，有的建筑群可以有几条轴线（几路）并列向纵深方向发展。

北京故宫太和殿前广场（大庭院）

这是现存中国古代建筑群中最大的一个庭院，实际上已
经是一个广场了。因为它是皇帝举行朝会等各种大型典
礼仪式的场所，使用的需要，决定了这个庭院的规模。

（左上） 北方民居四合院
（天津杨柳青石家大院）

民居住宅中的庭院就只是
一个居住和日常活动的空
间，不需要多大的规模。

（左下） 南方民居天井院
（杭州胡庆余堂）

南方的天井院比北方的四
合院更小，四面建筑都是
互相连接的，中间的天井
只是一个采光通风的地方。

（右） 庭院向纵深发展（永
州干岩头村周家大屋）

建筑群采用纵深多重院落
的组合，沿中轴线向纵深
发展，造成庄重、威严、
神秘的气氛。

015   第一部分
中国古代建筑的
基本特点   平面布局

张谷英村屋顶鸟瞰

从山顶上俯瞰张谷英村的屋顶，
可以看到天井庭院和建筑的整齐
排列，这就是轴线布局的特点。

　　自由式布局一般为园林建筑及风景名胜建筑所采用的布局方式，依据地理环境和地形条件来组织布局，园林建筑群一般没有一条明确的轴线，但是帝王苑囿（皇家园林）为了朝观和处理政务，仍有部分中轴对称的组群，私家园林的布局则更为自由。

皇家园林轴线布局和自由布局相结合（北京颐和园）

皇家园林除了游玩以外，还要体现皇家的威仪，所以重要的主体建筑仍然要以轴线的方式布局，而次要的游览性的建筑就采用自由布局了。

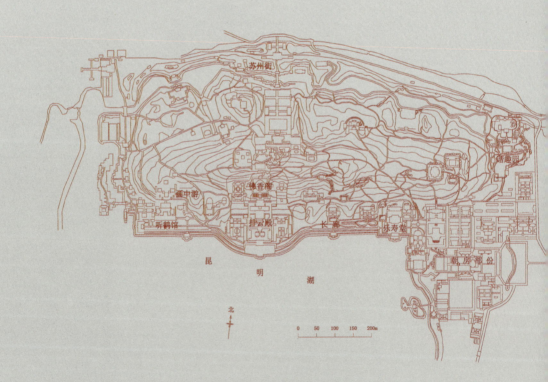

（上） 江南私家园林自由布局（上海豫园）

私家园林不需要像皇家园林那样表现皇家威仪，只有观赏游览的功能，所以就以自由式布局为主了。

（下） 北京颐和园万寿山

颐和园总体自由布局，但有很多局部的轴线对称，其中最重要的就是以佛香阁为中心的万寿山的中轴线。

（二）

艺术形象

　　中国古代建筑外观造型的基本特点是大屋顶、三段式和多种屋顶式样。所谓三段式是指一栋建筑由屋顶、屋身和台基三部分组成。屋顶造型有多种式样，主要有庑殿顶、歇山顶、悬山顶、硬山顶（包括南方的封火墙）、卷棚顶、攒尖顶、盔顶、盝顶等。以上屋顶式样均有单檐和重檐两种形式，例如单檐庑殿、重檐庑殿、单檐歇山、重檐歇山等，但是硬山、悬山做重檐的较少。

（右上）　单檐庑殿顶（山西大同华严寺）

庑殿顶四面坡，一层屋檐叫"单檐"。

（右中）　重檐庑殿顶（北京故宫乾清宫）

两层屋檐叫"重檐"。

（右下）　单檐歇山和重檐歇山（北京故宫内附属建筑）

歇山顶也是四面坡，但与庑殿顶不同，两端各有一个三角形的部位，叫"山花"。

卷棚顶（湖南长沙岳麓书院屈子祠）

其他两坡屋顶上面都有正脊；唯独卷棚屋顶上没有正脊，前后两坡屋面以弧形卷曲相连。

（左上）盔顶（湖南岳阳岳阳楼）

盔顶形象像古代武士的头盔，因而得名。做法较为复杂，所以古建筑中做盔顶的相对较少。

（左中）硬山顶（沈阳故宫厢房）

两端山墙比屋顶高，两坡屋顶到两端山墙为止，不悬出山墙之外，这种式样叫"硬山"。

（左下）攒尖顶（江苏吴江同里镇退思园）

攒尖即尖顶，没有顶上横着的正脊，几条戗脊（斜向的屋脊）汇聚到尖顶。攒尖有四角攒尖、六角攒尖、八角攒尖、圆形攒尖等。

（右上）悬山顶（山西五台佛光寺文殊殿）

建筑物两端的墙壁叫山墙，屋顶两端悬出山墙之外，叫"悬山"。

（右下）盝顶（北京太庙南门）

盝顶的造型是顶上中间是平顶，然后四面坡。其特点是可以加大建筑的进深而不必升高屋顶。

　　另外还有平顶、单坡、囤顶、拱顶、穹顶等地方特色的式样。南方有封火山墙作法（属于硬山），造型丰富。

　　除了屋顶式样以外，还有建筑的形式，即单栋建筑的整体造型，有殿堂、厅堂、厢房、楼阁、亭、台、轩、榭、舫等。

　　殿堂是一个建筑群中的中心建筑，一般处在建筑群的中轴线上最重要的位置，是整个建筑群的核心，例如宫殿、寺庙中的大殿、正殿等。

　　厅堂是指较小规模的建筑群中的中心建筑，其性质和殿堂相似，只是因为整个建筑群的规模较小，就不叫殿堂了。例如书院、祠堂和民居住宅中的正堂、前堂、后堂等。

（左）　杭州灵隐寺封火墙
浙江的地方特色。

（右）　宁波天一阁封火墙
浙江的地方特色。

（下）　安徽屯溪民居封火墙
典型的徽州地方特色。

（左上）　广州钟氏祠堂封火墙

广东地方特色，只有广东有，别处没有。

（左下）　广州番禺邬公祠封火墙

广东地方特色，这种式样也是只有广东有，别处没有的。

（下）　长沙榔梨陶公庙封火墙

这种弓形封火墙是湖南特有的，别的地方没有，湖南人俗称"猫弓背"。

湖南邵阳杜氏先祠封火墙

是湖南特有的封火墙式样，别的地方没有。

（上）福建福州民居封火墙
福建地方特色。

（中）四川李庄南华宫封火墙
这种式样的封火墙在各地都少见，有
混合性的特征。这是一座会馆，会馆
是流动性的商人的建筑，其建筑式样
往往带有各种地域风格的综合特征。

（下）南方各地封火墙造型选例
封火墙以南方居多，北方较少。这里
列举的是一些典型地方特色的封火墙
造型，远没有全部列出。

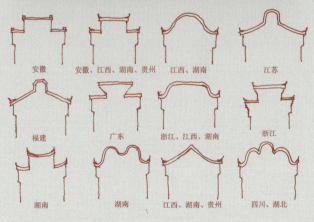

安徽　　安徽、江西、湖南、贵州　江西、湖南　　　江苏

福建　　　　广东　　　浙江、江西、湖南　　浙江

湖南　　　　湖南　　江西、湖南、贵州　四川、湖北

厢房是建筑群里处在中轴线两旁或前后部位的次要建筑，最常见的是东西两厢。

楼阁是多层建筑，中国古代一般是两三层，很少有四层以上的。古代楼阁建筑较少，主要只有两种用途：一类是登临远眺，建于风景名胜之地，供游览观赏，如岳阳楼、滕王阁等；一类是取僻静，多建于建筑群的后部较僻静之处，例如宫殿、宅第、书院中的藏书楼、寺庙中的藏经阁、民居中的闺楼、绣楼等。

亭一般是一种点缀性的小型建筑，尤其在风景园林中常用，作为风景点缀、观赏，也供人休息。正因为是点景之用，所以亭子建筑虽小但艺术性强。其造型有四角、六角、八角，少量的还有圆形或其他特殊形状的。

台是古代建筑的一种形式，在春秋战国至秦汉时代流行高台建筑。用夯土和砖石砌筑一个高台，再在上面建建筑，其建筑高大雄伟，还可以登临远眺。例如章华台、铜雀台等都是历史上著名的高台建筑。

轩是一种特殊的建筑形式，其特点是一面无墙壁和门窗，全开敞。这种建筑一般建在园林中，用于休息和观景。

榭也是一种特殊的建筑，一面临水，部分悬架于水面上，所以又称"水榭"。

舫是一种船形小屋，用石块砌筑一个船体形状，上面再建一座小建筑，就像一艘小船停在岸边。人坐其中就像坐在船上一样。这种舫一般是建在园林之中。

殿堂（北京故宫太和殿）

一个建筑群的核心建筑是殿堂，大规模的、
重要的建筑群的核心是"殿"，建筑宏伟华丽。

厅堂（岳麓书院讲堂）

相对较小的建筑群的核心建筑是"堂"，即厅堂。与
"殿"相比，"堂"的规模体量较小，建筑较朴素。

楼阁〔沈阳故宫凤凰楼〕

楼阁是中国古代的多层建筑，其用途主要是观赏风
景、居住、藏书、读书、寺院藏经等。藏书和居住的
楼阁一般处在建筑群的后部，观景的楼阁一般独立地
建在风景名胜的高处。

（左上）轩（江苏吴江乐耕堂木樨轩）

轩是一种专门用于观景的建筑，部分有墙壁，部分开敞，人可以坐在其中观赏景色，多用于园林中。

（左下）台（河南登封观星台）

台最早是春秋战国和秦汉时期的高台建筑，即在高筑的台基上建筑，主要是为了体现建筑的宏伟。东汉魏晋以后高台建筑就少了。

（下）榭（潍坊十笏园水榭）

榭是一种特殊建筑形式，即建在水边并部分悬于水上，故有时被称为"水榭"，也是常见于园林中。

舫（南京瞻园石舫）

舫也是一种特殊形式的建筑，模仿船的造型，下部用石块建造成船的形状，并建在水中。上面再建建筑，人坐建筑中仿佛坐在船上。舫一般也只是在园林中才有。

　　中国古代建筑以木为主，结合土、砖、石等作为主要建筑材料，结合地理条件，就地取材、因地制宜。因此在结构形式上主要有木结构、混合结构（砖木结构、土木结构、石木结构），也有少量不用木材的纯砖石结构，如桥梁、陵墓地宫、无梁殿等。还有纯粹的生土结构，例如西北的窑洞。

　　北方平原地区多用木、土、砖混合结构，南方丘陵地区多用木、砖、石混合结构。盛产木材地区有的用全木结构。黄土高原地区有纯土结构的生土建筑——窑洞。

　　结构形式主要有两种，抬梁式和穿斗式。

　　抬梁式主要在北方，南方较重要的、规模较大的建筑也用抬梁式。抬梁式结构的特点是用材粗壮、厚重，建筑宏伟，内部空间较大，但是比较费材料。

　　穿斗式是南方特有的结构形式（包括干栏式）。特点是用材小、省材料、建筑轻巧、结构整体性强，利于抗风抗震。但建筑内部柱网比较密，内部空间较小。

　　此外还有其他一些结构形式，属于建筑技术性的问题，此处不作介绍。

（上左）抬梁式结构（山西大同华严寺）

两根柱子抬起一根横梁，梁上又抬起童柱（不落地的短柱），童柱上又抬起横梁，如此层层叠叠架起来。

（上右）穿斗式结构（湘西民居建造过程）

与抬梁式不同，穿斗式没有梁，横向的构件叫穿枋，薄薄的穿枋穿过柱子，把整个屋架连成整体。

（右上）木构建筑的抗倾斜性能

木材的韧性和木构架榫卯结合把屋架联结成整体，具有很好的抗倾覆能力，利于抗震。图中是一栋废弃的房屋，倾斜到如此程度都不倒塌。

（右下）山西应县佛宫寺释迦塔

世界现存最高古代木结构建筑，高67米，建于辽代，屹立近千年，且经历过地震，至今仍保存完好，充分显示了木结构的优越性能。

木结构建筑由于木材的
韧性，而具有天然的抗倾覆
能力，这种性能对于抗地震
是最好的。所以木结构建筑
具有良好的抗震性。

（四）装饰艺术特点

中国古代建筑非常讲究装饰，所谓"雕梁画栋"、"金碧辉煌"等这些词都是用来形容中国建筑的艺术装饰的。中国古代建筑的装饰手法多种多样，常用的有木雕、砖雕、石雕、琉璃、泥塑、彩画、壁画等。

木雕、砖雕、石雕通常被称为中国古建筑"三雕"，是最常见的装饰手法。木雕一般用在建筑木构件的重要部位，梁枋柱头交接之处。门窗、隔扇、栏杆等显眼之处也是木雕装饰的重点。木雕对材质的要求较高，所以凡是做木雕的地方都一定是用的很讲究的建筑材料。砖雕是用青砖材料烧制的雕塑装饰，一般用在墙头、檐下、门楣、清水墙面等显眼处，砖雕有深浅之分，有的砖雕做得很深，具有很强的立体感。尤其是做人物故事场景，可以做得很精彩。石雕一般用在建筑石构件的重要部位，例如石构梁柱、石栏杆等。牌楼这类特殊建筑，用石雕装饰特别多。

（下左上）　民居木雕门簪

门簪本来是承托大门上的匾额的一个构件，此处也做成了装饰的重点。

（下左中）　浏阳锦绶堂牵枋做木雕装饰

牵枋本是一个把柱子和墙壁相连接的结构构件，此处用雕刻装饰做成书画卷轴的式样，显示一种文化气息。

（下左下）　湖南双牌县坦田村民居檐下挑枋木雕装饰

挑枋承托上部的童柱，本来也是结构构件，这里把挑枋做成上翘的鱼尾，上面坐着一只猴子，猴子再扛着上面的童柱，显出一种特殊的趣味。

（下右）　湖南汝城卢氏家庙门楼木雕

雕刻精致细腻，体现南方木雕的特色，尤其是正门上部的额枋，采用镂空雕的手法，更显精美。

（上） 北京礼士胡同民居砖雕

北方民居砖雕大多装饰在墙面等处，手法比较粗犷、厚重、质朴。

（右上） 江苏吴江同里镇陈氏旧宅门楼砖雕

南方建筑砖雕较多装饰在檐下斗拱梁枋等处，手法精致细腻。

（右下） 杭州岳王庙砖雕花窗

南方还有的建筑用砖雕来做装饰性的花窗，制作精美，使整个建筑显得华美。

湖南芷江天后宫石雕牌坊

整座牌坊全部石构，表面布满石雕装饰，有人物故事、飞禽走兽、建筑风景等，雕刻精美。

琉璃装饰是中国古代建筑的一大特色，琉璃是一种彩釉烧制的建筑构件，因为它色彩鲜亮且又耐风雨，因此用在建筑的屋顶、外墙等外露之处是很好的装饰又是实用的材料。因为琉璃件制作昂贵，所以只有在比较高级的建筑上才用琉璃。琉璃最多的是用在屋顶上，大型的、高规格的建筑上，屋脊、鸱吻、翘角、盖瓦、仙人走兽等等都是琉璃的。

（下）　广州陈家祠屋顶及墙面装饰

广州陈家祠是一座装饰极其豪华的建筑，屋顶屋脊上装饰的是著名的广东石湾陶瓷，比一般琉璃更加丰富多彩。墙面上装饰着大面积的砖雕，制作极其精美。

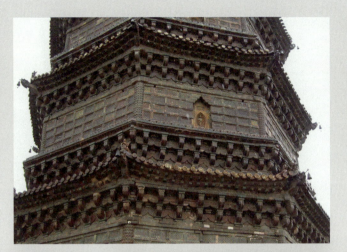

（左）开封"铁塔"

开封"铁塔"实际上是一座琉璃塔，整座塔外表用琉璃面砖装饰，因琉璃烧制过火，颜色深似铁锈，所以被人称为"铁塔"。

（右上）开封"铁塔"墙面琉璃砖

近看"铁塔"的琉璃面砖。

（右下）颐和园智慧海琉璃壁

整座建筑外墙满饰琉璃面砖，每块琉璃面砖做成一个小佛龛，佛龛内一尊佛像，整座建筑琳琅满目，异常美观。

　　泥塑也是中国古建筑上常用的装
饰手法，一般在地方民间建筑上常
见。多做在屋脊翘角、墙头、墙面等
处。与琉璃装饰相比，泥塑没有那么
华丽高级，但它很能体现民间工匠的
艺术水平和审美趣味。有时在泥塑中
加入矿物颜料，就变成了彩塑。

（左上）　四川自贡王爷庙屋顶泥塑

四川古建筑的特点是重点装饰屋脊和翘角，并在
屋顶瓦面上做泥塑，图为自贡王爷庙的戏台，屋
脊做得特别高，泥塑做得特别多。

（下左）　湖南长沙岳麓书院赫曦台墙头泥塑

南方封火墙的墙端往往是装饰的重点部位，用
泥塑做出立体感，可以对平淡的建筑起到很好
的装饰效果。

（左下）　福建惠安崇武古城南门关帝庙屋顶彩塑

在泥塑中加入矿物颜料就成了彩塑，闽南式建筑
的最大特点是两端上翘的"燕尾脊"，（端头像
燕子尾巴），再用龙凤等图案把整个屋脊做满装
饰。此图的崇武古城关帝庙屋顶就是闽南式建筑
屋顶做法的典型。

（下右）　台湾台北孔庙屋顶彩塑

台湾的传统建筑就是闽南式建筑，今天台湾的
古建筑基本上都是闽南式建筑风格。台北孔庙
是一个典型代表，燕尾脊加彩塑装饰。

（左上） 山西太原晋祠圣母殿泥塑群像

中国古代除了庙里的神像以外是很少做人物雕塑
的，而在山西太原晋祠中则保存着一组极其宝贵的
宋代泥塑人物雕像。采用中国传统的泥塑手法，塑
造了一组宫廷侍女的形象，手法简练而神情惟妙惟
肖，是中国古代泥塑中不可多得的艺术精品。

（左下） 湘潭鲁班殿门楼泥塑

门楼上部做泥塑长卷，塑造了湘潭老街商业繁荣景
象，被称为"湘潭的清明上河图"。

（右） 长沙岳麓书院文庙墙面泥塑

古建筑上的泥塑装饰常见的都是中国古代的吉祥图
案，并且常以谐音和寓意等手法来表达象征意义。
例如以蝙蝠来寓意"福"。

　　彩画和壁画是两种类型的装饰，彩画是画在梁枋、斗栱、天花藻井等建筑构件上的图案装饰；壁画是画在墙面上的大幅图画。彩画是简单规则的图案花纹；壁画往往是山水、景物、人物故事的场景画面。彩画在宫殿、寺庙、园林、民居等各种类型的建筑上都可以用；壁画则用得较少，一般只在大型庙宇中或寺庙、石窟中才用。例如著名的敦煌石窟壁画、山西芮成永乐宫壁画等。

（上）　北京故宫檐下彩画

彩画一般装饰在木构建筑的构件上，如梁、枋、斗栱、椽子等处。彩画是有等级之分的，此处为皇宫建筑，使用的是最高等级的"和玺彩画"。

（下）　北京颐和园长廊彩画

颐和园长廊一是以长而著名，二是以彩画著称，整个700多米长的廊道中所有的梁枋构架上布满了彩画，绚丽多彩，游览园林的同时也一边欣赏彩画。

（上）　北京颐和园长廊内彩画

园林建筑一般采用最低等级的彩画式样——"苏式彩画"，这种彩画本身是可以当作艺术作品来欣赏的。

（中）　殿堂内"平棊"（天花）和藻井（北京妙应寺）

古代建筑天花叫"平棊"，"棊"与"棋"通，即棋盘格的形式。藻井是殿堂天花的中心部位凹进的一块，一般是重要的殿堂中才有藻井，是天花装饰的重点部位。平棊一般用彩画装饰，藻井中除用彩画外还用木雕装饰。

（下）　戏台藻井（江苏吴江同里镇陈氏旧宅戏台）

中国古代戏台的天花上一般都做藻井，且比一般建筑的藻井凹进得更深，能产生一定的声音共鸣的作用，藻井构件上也装饰有彩画。

（左上）　浙江宁波秦氏支祠
壁画

（左下）　山西芮城永乐宫三
清殿壁画（李雨薇）

永乐宫壁画是中国古代壁画
艺术的经典之作。

（右上）　综合装饰（宁波庆
安会馆）

石雕、砖雕、木雕等手法综
合装饰。

（右下）　综合装饰（开封山
陕甘会馆）

砖雕、石雕、琉璃等手法综
合使用。

　　古建筑的装饰有多种手法，往往一座古建筑上并不是只采用一种手法，而是多种手法同时并用，来取得富丽堂皇的效果。

中国古代由于政治制度及统治的严密，与此相应城市建设也受到统治者关注，很早就有与政治制度密切相关的城市建制。

中国古代城市尤其是都城，都有很完整的规划布局。一般都是以皇宫或政府机构（衙署）为中心进行建筑布局和交通组织，不仅布局整齐严谨，而且规模宏大。在漫长的中国封建社会中，陆续出现过长安、洛阳、开封、南京、北京等这些当时世界一流的大城市。此外还有各地的府、州、县城也都按照行政等级，有一定的布局规则。

中国古代城市规划与封建政治制度密切相关，主要表现在两个方面：

1. 政治性因素。城市规划以皇宫或政府机构为中心，按轴线布局，突出主体。皇宫大多处在整个城市的中轴线上，坐北朝南，象征权力的中心，在这一点上明清北京紫禁城的布局达到了登峰造极的地步。皇宫紫禁城处在中轴线的中段，出皇宫大门午门往南，经端门、天安门、大前门、前门大街，直到最南端，北京城的正南门——永定门。从紫禁

（右）清代北京城平面图

一条贯穿南北的中轴线，皇宫紫禁城处在中轴线的中段，出皇宫大门午门往南，经天安门、大前门、前门大街，直到最南端，北京城的正南门——永定门。从紫禁城往北出神武门，过景山再往北，中轴线上有钟楼、鼓楼和鼓楼大街。另外，都城南边有天坛，北边有地坛，东边有日坛，西边有月坛，四方拱卫，天下以皇帝为中心的思想表达得非常明确。

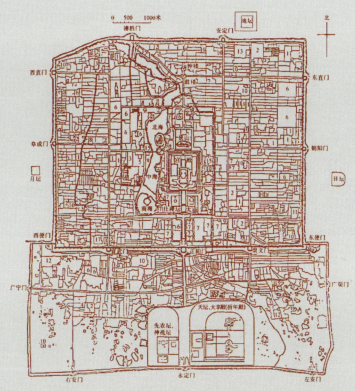

明、清北京城平面

1. 亲王府；2. 佛寺；3. 道观；4. 清真寺；5. 天主教堂；6. 仓库；
7. 衙署；8. 历代帝王庙；9. 满洲堂子；10. 官手工业局及作坊；
11. 贡院；12. 八旗营房；13. 文庙、学校；14. 皇史宬（档案库）；
15. 马圈；16. 牛圈；17. 驯象所；18. 义地，养育堂

城往北出神武门，过景山知春亭再往北，中轴线上有钟楼、鼓楼和鼓楼大街，从南到北一条笔直的中轴线纵贯北京城。皇宫处在中轴线的中段，皇宫的中心是皇帝上朝的三大殿（太和殿、中和殿、保和殿）。另外，都城南边有天坛，北边有地坛，东边有日坛，西边有月坛，四方拱卫，天下以皇帝为中心的思想表达得非常明确。

（上）北京中轴线后段

在景山上往后看，可以看到中轴线后段的鼓楼大街，看到远处的鼓楼，鼓楼再往前是钟楼。

（中）北京中轴线前段

站在故宫后面的景山上往前看，可以看到故宫的中轴线，再往前可以看到大前门。

（下）民国初年的永定门

永定门是北京城的正南门，中轴线的最南端。建筑采用典型的瓮城形式，前有箭楼，后有城楼。此建筑于20世纪50年代的北京城大改造时被拆除，20世纪90年代重建了后部的城楼，前面的箭楼、瓮城及两边的城墙均已不存在了，本图是1922年以前的状况。

　　2. 里坊制。中国古代城市实行一种特殊的规划制度——里坊制。所谓里坊制，就是将城市中的居民居住区按照棋盘格的形式，划分为一个个独立的方格，每一个方格叫做一个"里"或一个"坊"。一个里坊就是一个基本单位，四周有围墙，开有里门或坊门出入，并设有行政官员专门管理。夜晚里坊大门关闭，禁止人们上街，街道上实行宵禁。里坊制的另一个目的是限制商业的发展，中国古代是农业国，长期实行"重农抑商"的政策，鼓励农业发展，抑制商业发展。里坊沿大街面禁止开设商店，里坊内也禁止一切商业活动。城市中只有在指定的地方，指定的时间内才能从事商业买卖。例如唐长安城中的东市和西市就是城中的商业区，别处是没有商店的。所以，里坊制不仅仅是一种城市规划的制度，还是一种城市管理制度，管理社会治安，限制商业发展。

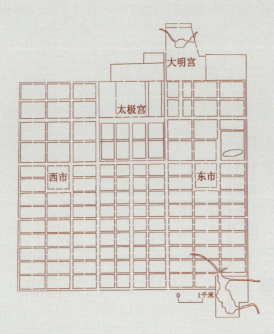

中国古代城市的"里坊制"
（唐长安城平面图）

将城市中的居民居住区按照棋盘格的形式，划分为一个个独立的方格，每一个方格叫做一个"里"或一个"坊"。里坊四周有围墙，开有里门或坊门出入。夜晚里坊大门关闭，禁止人们上街，街道上实行宵禁。里坊沿大街禁止开设商店，里坊内也禁止一切商业活动。城中只有东市和西市是商业区，可以买东西。

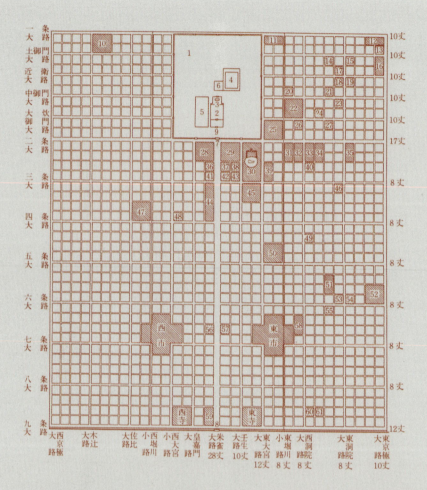

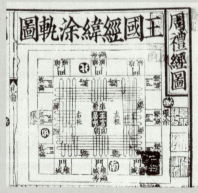

（上）　日本平安京（京都）平面图

完全仿照唐朝长安城布局规划，皇宫、东市、西市的位置都一样，甚至部分名称都是中国的。

（下）《考工记》"匠人营国"图

春秋时代的《考工记》记载了中国早期城市规划制度，其中的"九经九纬"（九条纵向道路，九条横向道路），实际上就是后来"里坊制"的雏形。

（上）《清明上河图》中的城市景象

宋朝经济繁荣，商业发达，沿街设商铺，完全打破了里坊制沿街不准设商店的规则。里坊制由此而衰落，最后消亡。

（下）　北京胡同

明清时代建造的北京，虽然里坊制已经不再实行，但城市规划仍然是里坊制的布局方式，街巷胡同都是规则的东西南北朝向。

　　里坊制作为一种管理制度在商品经济发达的宋朝开始被打破，但是方格网状的城市规划布局方式却一直沿用，影响后世。我们今天还能看到的明清两代的北京城，就基本上还是纵横的道路胡同，呈方格网状的布局，仍然看得出古代里坊制的影响。今天在各地城市的老城区中，我们还能看到诸如"××里"、"××坊"的老地名。在我们的日常语言中还有"邻里"、"里弄"、"街坊"、"坊间"等名词，实际上都是来源于古代城市的里坊制。

（上）福州三坊七巷

我们今天的"坊巷"、"里弄"、"街坊"、"邻里"这些名称也都是古代里坊制留下来的。

（下）山西平遥城镇街道

北方平原城镇街道的典型。

（右上）湖南黔城古镇街道

南方丘陵城镇街道的典型。

（右下）江苏吴江同里镇河街

江南水乡城镇街道的典型。

中国古代城市中还有一种特殊的建筑——钟鼓楼，也是一个城市的标志和象征。古代没有钟表，以晨钟暮鼓来报时。城市中都建有钟楼和鼓楼，大城市钟楼和鼓楼是分开独立的，小城镇往往钟楼和鼓楼合二为一。钟鼓楼一般建在城市的中心，并且建得高大，高出城市中的其他建筑，敲钟击鼓的时候全城都能听到。例如西安的钟楼就建在全城中心的交叉路中央，鼓楼就在旁边不远；北京的钟楼和鼓楼都建在全城中轴线的后段，它不可能建在中段是因为中段是皇宫。小城镇中的钟鼓楼有的也建在街道中间，例如山西平遥城中的"市楼"（钟鼓楼），也有的建在城镇中的某处高地上，例如湖南黔城古镇的钟鼓楼。

（下） 北京钟楼

古代以晨钟暮鼓来报时，所以城市中都建有钟楼和鼓楼。北京的钟楼矗立在北京城中轴线的后段的鼓楼大街上，故宫的正后方。

（右上） 北京鼓楼

北京鼓楼和钟楼相距不远，也处在北京城中轴线的后段的鼓楼大街上，本图是1922年以前的状况。

（下左） 西安钟楼（张振光摄）

西安钟楼矗立在西安城纵横相交的两条主轴线的交汇
点正中心，纵横两条大路从城楼下面交叉穿过。

（下右） 天津鼓楼

矗立在天津老城的中心地带。

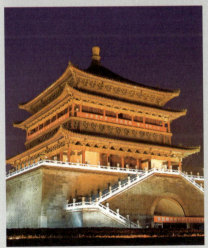

湖南黔城钟鼓楼

湖南湘西小镇黔城钟楼鼓楼，小型城镇就不
一定有独立的分开的钟楼和鼓楼，而是钟楼
鼓楼合一了。

（六）　中国古代建筑制度

　　建筑的制度化这也是中国古代建筑区别其他国家民族的建筑的一个重要的独特之处。

　　中国古代建筑的制度化可分为两个主要内容，一是建筑等级制度；一是有关建筑设计、施工及管理的工官制度。

建筑等级制度

　　建筑等级制度是按照人的社会地位来规定建筑物的式样和规模，皇帝的建筑、皇亲国戚和贵族阶层的建筑、朝廷官员和地方官员的建筑、平民百姓的建筑等等，都有着严格的等级区分。中国古代是礼仪制度最完备的国家，宫室建制是礼仪制度中的一个重要组成部分。古代礼制中关于建筑型制的规定非常具体，包括屋顶式样、面阔的间数、装饰的色彩、彩画的形式等等都有详细规定。建筑等级制度甚至被列入朝廷的法典之中，违者不仅是违礼，而且还是犯法，重者可招致杀身之祸。

建筑等级制的主要表现在几个方面：

屋顶式样：最高等级是庑殿，只有皇帝的建筑才能用，其次是歇山，再次是悬山，再次是硬山，其他式样就不按等级划分了。庑殿顶和歇山顶又有重檐（两层屋檐）和单檐（一层屋檐）之分，重檐等级高于单檐，所以最高等级就是重檐庑殿顶。例如北京故宫太和殿就是重檐庑殿顶，因为它是皇宫中的正殿，最重要的建筑。天安门只是重檐歇山，因为它只是皇宫的前门。

（下）　北京故宫太和殿

故宫中最核心的建筑，皇帝上大朝的正殿，重檐庑殿顶，最高等级的式样。

（右上）北京故宫太和门

故宫太和殿前的宫门，等级比太和殿低一等，采用重檐歇山顶。

（右中）北京故宫午门

它是皇宫的正门，采用重檐庑殿顶，最高等级的式样。

（右下）　天安门

它是皇宫的前门，采用重檐歇山顶，等级比午门次一点。

开间数：两根柱子之间叫一个开间。最高等级是九间，后来发展到十一间，例如北京故宫太和殿，但是理论上仍然是九开间为最高，只有皇帝的建筑才能用九开间。其次是七间，皇亲贵戚和封了爵位的朝廷命官可以用七开间。再次是五间，朝廷一般官员和地方政府官员可以用。平民百姓就只能用最小的三间了。

九开间（北京故宫乾清宫）
乾清宫是皇帝居住的殿堂，用最高等级的九开间。

（上）　三开间（四川自贡西秦会馆）

民间商业会馆，虽然豪华但等级不高。

（下）　五开间（宁远文庙大成殿）

文庙虽然可以享受皇家建筑的礼遇，但毕竟是地方上的官式建筑，所以用五开间、七开间的较多。

建筑上的数字等级还有一个特殊的含义，即中国古代阴阳五行中的"术数"。阴阳五行学说中奇数（单数）为阳，偶数（双数）为阴。阳数中最高的数是九，所以在建筑中凡用九的数字就是最高等级，例如开间九间、台阶九级、斗栱九踩、门钉九路、屋脊走兽九尊等等。另外五也是术数种一个特殊的吉数，九和五结合就是最高最吉利的数。《易经》中说"九五，飞龙在天"，所以九五就变成了皇帝的专用数，称为"九五之尊"。天安门城楼就是面阔九开间，纵深五开间，故宫中的很多建筑也都是这样。

建筑色彩：最高等级是黄色，其次是红色，再次是绿色，再次是蓝色。黄色是皇帝的专用色，不仅是建筑，在服装和其他方面也都是。"黄袍加身"就是做了皇帝；朝廷大臣立了功，得到的最高奖赏是"赏穿黄马褂"。屋顶上用黄色琉璃瓦是皇家建筑才能用的，北京所有宫廷建筑的基本色彩就是红墙黄瓦。在都城以外的其他地方，只有皇家的陵墓、皇家寺庙（皇帝赐建的）、各地的孔庙或文庙可以用黄色琉璃瓦。因为孔子创立的儒家思想被推为国家正统思想，孔子被尊为"至圣先师"，礼制规定祭祀孔子的孔庙文庙享受皇家建筑的等级，所以全国各地的孔庙文庙都可以用红墙黄瓦。

（右上）　天津文庙平面图

府文庙和县文庙并列，府文庙在左，县文庙在右；府文庙占地较大，县文庙占地较小，体现等级的差别。

（右下左）　长沙岳麓书院和文庙

长沙岳麓书院和文庙并列，但色彩不同。书院是民间建筑，白墙灰瓦，文庙属于皇家建筑，红墙黄瓦，体现了礼制等级的差别。

（右下右）　天津文庙

府文庙与县文庙并列，为体现等级，府文庙（图中远处）盖黄色琉璃瓦，县文庙（图中近处）则是青瓦屋顶。

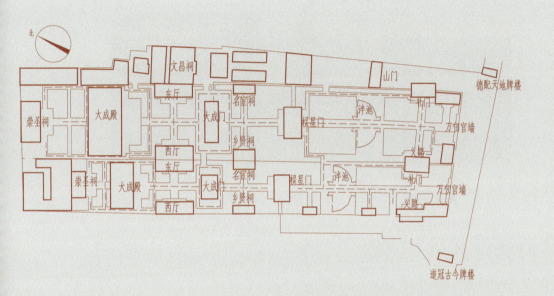

　　彩画式样：彩画是中国古建筑的梁枋斗栱等木构件上的彩色图案，既起到装饰作用，又可以保护木构件。彩画图案有一个历史发展的过程，到清代，官式建筑的彩画式样已经基本定型。按照等级来看，彩画分为三种：和玺彩画、旋子彩画和苏式彩画。和玺彩画等级最高，只有皇帝的建筑才能用。其特点是有双括号的箍头，里面的图案以龙为主。中国古建筑中龙是皇帝专用的装饰图案，别的建筑上是不能用的。次一等的是旋子彩画，其特点是单括号形的箍头，里面的图案以旋转形的菊花为主，所以叫"旋子"。最高等级的建筑以外的大型建筑都可以用旋子彩画，例如皇宫中的次要建筑、大型寺庙等建筑上都可以用。最低等级的是苏式彩画，其特点是用各种艺术化的边框框出一个中心画面，这个东西叫"包袱"。包袱里面是一幅完整的图画，或者是山水风景，或者是人物故事，或者是花鸟虫鱼等，总之是一幅画，而不是格式化的图案，它一般用于园林中的亭廊和一般民居等建筑上。苏式彩画虽然等级最低，但是很有艺术性，具有欣赏价值。尤其在园林中，一边游园，一边欣赏亭廊中的图画，赏心悦目。例如北京颐和园的长廊，里面装饰着苏式彩画，每一根梁枋上都是一个不同的包袱，琳琅满目，美不胜收。

（左）和玺彩画（北京故宫太和殿）

最高等级的彩画，只能用于皇帝的宫殿。其特征是双括弧形箍头，里面是龙凤图案。

（右上）旋子彩画（北京北顶娘娘庙）

次一等级，可用于一般宫殿和寺庙建筑。其特征是单括弧形箍头，里面是旋转形菊花图案。

（右下）苏式彩画（北京颐和园长廊）

最低等级，一般用于园林和民居建筑。其特征是里面有一个特别形状的框，叫做"包袱"，包袱里面是一幅完整的画（人物故事、自然山水、花鸟虫鱼等等），而不是规则的图案。

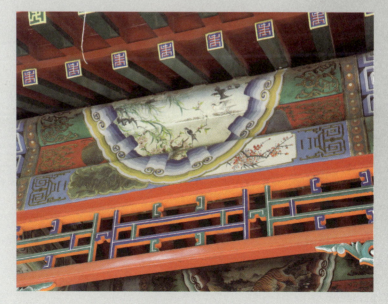

建筑的等级制还在其他
一些方面表现出来，例如建
筑的位置关系、斗栱的层
数、台基的层数和式样、屋
脊上仙人走兽的数量等等，
都代表建筑的等级身份。

四箴亭	濂溪祠
六君子堂	崇道祠
船山祠	碑房

（左上）　北京故宫太和殿上的仙人走兽

宫殿建筑屋角上的仙人走兽的数量也表示建筑的等级，等级越高的建筑，仙人走兽的数量越多。

（左下左）　北京天安门大门上的门钉

门钉的路数也表示等级，最高等级的是皇宫大门，门钉九路。

（左下右）　北京故宫丹墀

丹墀是宫殿中的主要建筑前面台阶中间的斜坡道，又叫"御路"，它是最高等级的象征，只有皇家建筑才能用丹墀。

（上左）　宁远文庙丹墀

各地的文庙均可享受皇家建筑的礼遇，这丹墀虽然比故宫大殿前的丹墀小很多，但是不管大小，只要有丹墀就属于皇家建筑。

（上右）　岳麓书院专祠位置排列

在一个建筑群之中各栋建筑的位置关系是有高低之分的，就像人的座位关系一样。东西（左右）两方以东（左）为尊；北南两方以北为尊。

工官制度

中国古代建筑制度的另一个重要方面就是工官制度。所谓工官制度是专门针对建筑设计、施工等建造过程的管理制度。中国自古就对建筑行业非常重视，自商周时代朝廷就设置了专门的官职和部门来管理工程营造方面的事务，后来历朝历代都延续着这一传统。各朝各代名称不一，如：工、司空、将作监、少府、工部等，但性质都一样。工官的职责主要是：① 主持建筑工程设计；② 采购建筑材料，征调施工队伍，组织施工。

除了工程管理的官职以外，朝廷还要制定严格的管理制度，在技术成熟的时候还颁布工程技术方面的官书。例如春秋战国时期的《考工记》、宋朝的《营造法式》、清朝的《工程做法则例》等都属于这一类官书。

此外，工官制度还有对于建筑匠师的相关管理。规定工程营造的专业匠师，特别是为皇家服务的宫廷匠师由政府直接掌管，并被编为世袭户籍，子孙相传，不可转业。例如清代著名的"样式雷"家族就是世代相传专为宫廷服务的皇家匠师。

　　中国古代建筑另一个重要特征是全国各地的建筑都不一样，具有明显的地域特色。全国各个省区，一个省区里各个市县，甚至一个市县里的各个乡镇的建筑都有差别。建筑的地域特色在建筑的平面布局、外观造型（风格式样）、结构做法、材料工艺、装饰艺术等各方面都有体现。

　　例如在建筑的平面组合方面，北方的四合院和南方的天井院就完全不同，而在北方四合院中北京的四合院和山西的四合院又不同。在建筑造型风格方面，北方的屋顶厚重，曲线平缓；南方的屋顶轻巧，曲线夸张。东北有囤顶，西北有平顶、单坡，南方各地有各种式样的封火墙。西北黄土高原有窑洞，西南山区有干栏式（吊脚楼）。少数民族地区更是每个民族都有自己独特的建筑形式，例如藏族地区的雕楼式民居、新疆的"阿以旺"住宅、蒙古族的毡包式住宅（蒙古包）等等。

　　在结构形式上北方用抬梁式，南方多用穿斗式。建筑材料的运用也是根据各地的地理条件，因地制宜，采用当地最适宜的材料。建筑的装饰艺术也有明显的地方特征，例如北方的雕刻粗犷厚重；南方的雕刻精巧细腻，等等不一而足。

（上） 北京四合院

庭院开阔，可以种植花木，摆上石桌石凳，供人活
动。四面的建筑互不相连，用连廊相连。

（下） 山西四合院

与北京四合院相比山西四合院比较狭窄，主要是两边
的厢房向中间靠拢，庭院成为一个纵向的条形空间。

南方天井院（江西上栗张国泰故居）

南方天井院面积很小，四周屋顶相连，四面斜坡屋顶形成井状，向中间排水，所以叫"天井"。天井只是供排水、通风、采光，人不能进入天井活动。这是南方天井和北方庭院的最大区别。

建筑的地域特色的产生主要有以下几个方面的原因：

（1）地理气候条件的原因。

中国地域广袤，东南西北各地的地理气候条件有很大的差异。建筑是需要适应地理气候条件的，例如北方四合院宽阔，是因为北方气候寒冷、干燥，民居要尽可能多吸收日照，而不需要太多考虑防雨；南方民居狭小的天井，是因为南方炎热多雨的气候条件下，民居最需要的是考虑防日照和防雨；西北窑洞民居是因为处在黄土高原极度干旱的地区，几乎不用考虑防潮和防雨的问题；而西南山地的干栏式民居则恰好相反，重点考虑的就是防雨防潮和通风干燥的问题。

中国古代建筑的
地域特色

第一部分
中国古代建筑的
基本特点

090

（左）　江南水乡民居（江苏吴江同里镇）

江南水乡地区水网密布，人们滨水而居，民居住宅多数临水。随处都有码头下至水边，或洗涤，或乘船，生活便利。

（上）　安徽民居（黟县宏村）

古代徽州地区（今安徽南部、江西北部）民居特色鲜明，高高的封火墙围城封闭的天井院落，内部天井狭小，厅堂宽阔。民居对外是封闭的，而祠堂则是对外开敞的。

（下）　四川民居

四川古代民居是木结构为主，在木结构的主梁构架之间用竹编内外糊泥灰的墙壁填充，称为"木骨泥墙"，这是四川民居最普遍的特色。

贵州黎平侗族民居

侗族是南方少数民族之一，居住地多为山区。为适
应南方山区地理气候条件，形成了干栏式民居，底
层架空，人居楼上。村内多鼓楼、风雨桥等公共建
筑，这是侗族村寨的最大特色。

云南傣族竹楼（张振光摄）

傣族居住在云南西双版纳等地区，其民居式样也属
于干栏式，只是比别的干栏式民居更特殊。为了适
应炎热潮湿的密林气候，采用竹楼的形式，除木构
架以外，地板、墙壁、屋顶都用竹子编制而成。

在中国传统语言中，"土木"一词就是指的建筑，它实际上与中国古代建筑的起源有关。"土"和"木"是指建筑的两个起源，一个北方，一个南方。北方起源于"土"；南方起源于"木"。从建筑的起源来看，应该说中国文明的发源地有两个——北方的黄河流域和南方的长江流域。而"土"和"木"就正是这两种文明在住宅建筑上的表现。

北方地理气候寒冷而干燥，原始住宅起源于"穴居"，不仅中国，世界各地的考古发现都证明，在北方寒冷地带的原始住民都有"穴居"的习惯。洞穴周围厚厚的土石，把洞内和洞外的空气隔绝开，起到天然的保温隔热作用，住在洞内冬暖夏凉。所以直到建筑技术已经相当发达的时代，一些地方的人们还在坚持着"穴居"的生活方式。西北黄土高原上的陕西、山西、河南的部分地区，今天仍然沿用着窑洞的居住方式。而窑洞实际上就是古代穴居的一种延续，只是比古代做得更讲究、更精致而已。

（右上）河南郑州大河村遗址（或西安半坡遗址）
北方原始部落住宅遗迹，正好是从半穴居向地面建筑发展阶段之中。

（右中）北方窑洞民居
实际上是原始时代"穴居"的延续，适应于北方寒冷干燥的地理气候条件。

（右下）宁波田螺山遗址
南方原始部落住宅遗址，正好是从干栏式向地面建筑发展阶段之中。

　　与北方相反，南方的地理气候炎热、潮湿，多山多水。人们居住首
先需要解决的是通风凉爽、防潮防雨、防虫蛇。最初人们是在树上借用
大树的枝丫来搭建窝棚，这种类似于鸟巢的居住方式叫"巢居"。后来发
展为"干栏式建筑"，南方称其为"吊脚楼"。这种建筑形式满足了南方
地区炎热潮湿气候下的居住需要，尤其是西南地区的山区，不仅气候条
件的不利，地形地貌也带来很多限制。这些地区山多田地少，像贵州、
四川、云南、广西以及湖南西部的湘西，都是这类地形。有的地方山地
甚至占到90%，只有10%左右的平地。这很少的一点宝贵的平地，就只
能用来种粮食，绝不能让住宅建筑再占掉平地。于是住宅就只好建到山
坡上去，所以西南地区的这些省份，干栏式民居数量最多。

南方山地吊脚楼
是从原始的"巢
居"向地面建筑
发展的中间阶
段，适应了南方
地区，特别是山
区，炎热潮湿，
森林密布的地理
气候条件。

南北建筑起源及发展演变过程

在中国传统语言中"土木"一词就是指的建筑，实际上"土"和"木"是指建筑的两个起源。北方地理气候寒冷而干燥，原始住宅起源于"穴居"，南方的地理气候是炎热、潮湿，多山多水。人们居住首先需要解决的是通风凉爽、防潮防雨、防虫蛇。最初人们是在树上借用大树的枝丫来搭建窝棚，这种类似于鸟巢的居住方式叫"巢居"。北方的居住方式由最初的"穴居"发展到"半穴居"，再由"半穴居"发展到完全的地面建筑，仿佛是从地里面长出来；而南方的原始居住方式则由最初的"巢居"发展到干栏式建筑（吊脚楼），再由干栏式进而发展到地面建筑，仿佛是从树上落下来的。这个从地里长出来就是"土"，从树上落下来的就是"木"，"土木"二字就代表了中国建筑的起源。

从上述南北两方建筑的发展进化过程来看，北方的居住方式由最初的"穴居"发展到"半穴居"，再由"半穴居"发展到完全的地面建筑，仿佛是从地里面长出来；而南方的原始居住方式则由最初的"巢居"发展到干栏式建筑（吊脚楼），再由干栏式进而发展到地面建筑，仿佛是从树上落下来的。这个从地里长出来的就是"土"，从树上落下来的就是"木"，"土木"二字就代表了中国建筑的起源。

北方：由穴居到半穴居到地面建筑。

南方：由巢居到干栏式到地面建筑。

　　"土"和"木"是中国建筑的两个起源，同时也
是两种不同的建筑风格。北方建筑起源于"土"，是
一种"土"的风格。所谓"土"的风格就是厚重、敦
实，厚厚的墙壁；厚厚的屋顶；小小的门洞、窗洞；
屋顶翼角起翘比较平缓；细部装饰也比较粗犷。南方
建筑起源于"木"，是一种"木"的风格。所谓"木"
的风格就是轻巧、精细，薄薄的墙壁；薄薄的屋顶；
开敞通透的门窗；高高翘起的屋顶翼角；细部装饰也
极其精致细密。

　　这两种风格特征并不只限于真正的"土"建筑和
"木"建筑本身，事实上在原始社会以后随着社会经
济和建筑技术的发展，北方由"土"建筑（洞穴）逐
渐发展为砖木结构建筑，南方建筑也由原始的纯木结
构发展为砖木结构，南北两方逐渐趋同。但是"土"
的风格和"木"的风格却仍然延续着，直到今天我们
所能看到的北方和南方的传统建筑，仍然如此。北方
建筑是敦实厚重的"土"的风格，南方建筑是轻巧精
致的"木"的风格。

（上） 北方建筑的屋角起翘平缓（北京故宫乾清宫）

北方建筑起源于"土"，发展到后来也是用木材和其他材料，但是仍然延续着厚重敦实的"土"的风格。例如屋角的起翘，北方建筑的屋角起翘平缓。

（下） 南方建筑屋角高翘（上海豫园）

南方建筑起源于"木"，发展到后来也是用其他材料，但是仍然延续着精巧的"木"的风格，所以南方建筑的屋角起翘又尖又高。

材料的性能虽然是导致"土"和"木"两种风格差异的初始原因，但是地域气候条件所造成的自然特征也是一种不可忽视的因素。我们在日常生活中可以看到，不仅仅是北方建筑厚重敦实，南方建筑轻巧精致；北方人也体格高大，性格粗犷，南方人也体格矮小，性格细腻；就连北方的蔬菜瓜果也硕大粗壮，南方的蔬菜瓜果也瘦小纤细。自然界万事万物的特性与它们所生长的自然环境有着直接的关系，建筑也是如此。

（2）社会历史的原因。

例如著名的福建、江西等地的土楼就是因为古代大规模移民的历史原因而产生的。古代，中国北方经常发生战争，北方少数民族南下，与中原地区的汉族争夺生存空间。另外还有自然灾害的原因，例如黄河水灾等，致使大量中原汉族人向南方迁移。这一过程是长期的，秦汉时代北方就有匈奴人的侵扰，魏晋南北朝时有"五胡乱华"，宋代北方有辽、金，后来又有元（蒙古），再后来又有满族人的清朝。两千年历史中大量的战争导致大量的人口流动，早先人口稀少的时候还可有较多的生存空间，越往后，生存空间越少。后来的移民就只有去比较偏远的山区，而且还不可避免地受到当地人的排挤，于是他们就不得不建造起这种防御性很强的民居建筑来自我保护。今天福建的圆形土楼已经成为天下闻名的特殊民居建筑形式。

福建客家土楼（永定南溪村）

客家土楼式民居建筑不是因为地理气候原因而产生的，是因为古代历史原因产生的移民，为了自我保护防御的需要而产生了这种特殊的建筑。

福建土楼之一类——五凤楼（永定洪坑村福裕楼）

福建土楼式民居的另一种形式——五凤楼，是福建特有的一种民居式样。

（3）生活方式的原因。

特殊的生产和生活方式往往会有特殊的需求，因而也就会产生特殊的建筑形式。例如毡包式民居就是典型，由于草原牧民居无定所，逐水草而居的游牧生活方式，导致了毡包式这种特殊的民居形式。

（4）文化的原因。

中国古代的文学艺术本来有现实主义和浪漫主义两大倾向，先秦时期这种地域文化的差异性最具代表性的就是黄河流域的中原文化和长江流域的楚文化。中原文化的特质是现实主义，其文化思想方面的典型代表是《诗经》；楚文化的基本特征是浪漫主义，文化思想方面的最主要代表就是《楚辞》。

《诗经》是中国古代第一部诗歌总集，其文化特征是现实主义的，描写的内容大到国家祭典仪式、朝廷活动，小到人们日常生活、劳动生产、男女爱情等等，都是现实生活中的事物和场景。在哲学思想方面，产生于中原文化背景下的以孔子和孟子为代表的儒家思想也是完全以现实主义的态度来看待世间事物的。中原文化从哲学思想到文学艺术都是现实主义的。

《楚辞》也是一部诗歌总集，其文化特征是浪漫主义的，内容大多是来自民间传说、神话故事，甚至有的直接来源于祭祀鬼神的巫术仪式上的巫歌。借此以表达个人的情感和对现实政治的讽喻，情感色彩浓厚，充满浪漫气息。古代湘楚大地山川奇丽，土著民族文化交融，民风淳朴而稚拙，从贵族上流社会到民间百姓普遍信仰鬼神巫术，祠祀之风盛行，《汉书·地理志》等史籍中均有记述。东汉王逸在《楚辞章句》中解释屈原作《九歌》的意图时指出了屈原的辞赋和楚巫文化的关系："昔楚国南郢之邑，沅湘之间，其俗信鬼而好祠。其祠必作歌乐鼓舞以乐诸神。屈原放逐，窜伏其域，怀忧苦毒，愁思沸郁，出见俗人祭祀之礼，歌舞之乐，其词鄙陋。因为作《九歌》之曲，上陈事神之敬，下见己之冤结，托之以讽谏。"屈原是把粗俗鄙陋的祭神巫歌提升到了文学艺术的高度，但是不可否认楚地巫文化中本身包含的那些浪漫情调正是文学艺术绝好的题材内容。

　　秦灭六国统一天下，南方楚国的浪漫主义文化受到重创。加之汉朝"罢黜百家，独尊儒术"，代表中原文化的儒家占据思想领域的统治地位，其他文化逐渐式微，甚至淹没。在后来的两千多年中，中原文化始终是中国文化的主流，南方的楚文化不但没有成为主流文化，甚至奄奄一息。因而中国古代文化中的浪漫主义因素也就没有得到应有的发展，以至于影响到整个中国古代文化艺术和民族性格的形成和基本特征。例如中国人缺少浪漫意识；缺少幽默感；中国民族（汉民族）不善歌舞等等，都与整个文化艺术中缺少了浪漫主义有着一定关系。

　　北方中原文化的现实主义风格和南方楚文化的浪漫气质也同样表现在建筑艺术上，而且又正好与前述"土"和"木"两种风格互相吻合。中国建筑的重要特点之一是曲线形屋面和起翘的屋角，但北方建筑的屋角起翘比较平缓，显得朴实、庄重。而南方建筑的屋角起翘则又尖又高，显得轻巧华丽，透出一种浪漫气质。南方建筑的封火山墙造型式样也远比北方多，北方建筑的山墙式样变化不多，且造型风格厚重朴实，南方建筑的山墙式样则丰富多彩，造型变化多端，每个地方都有不同的造型。而在南方建筑的山墙造型之中又尤以湖南的造型最为奇异，例如湖南地方传统建筑中流行的一种弓形封火墙（湖南俗称"猫弓背"）就是一种最为奇特的造型，而且只有湖南才有，显然这种奇特的造型也是一种浪漫气质的表现。

（左上左） 长沙马王堆汉墓帛画

中国古代艺术本来有两大风格类型，以北方中原文化为代表的现实主义和以南方楚文化为代表的浪漫主义。长沙马王堆汉墓出土的帛画和其他文物都显示出浓厚的楚文化特征。

（左上右） 南方建筑的浪漫气质（长沙榔梨陶公庙）

南方各地的传统建筑中仍然部分保留着古代楚文化的浪漫气质，主要体现在建筑造型奇特夸张，装饰艺术绚丽多彩等方面。像长沙榔梨陶公庙这样的造型和装饰手法就很典型。

（左下） 闽南式建筑（福建惠安崇武关帝庙）

福建特色的闽南式建筑也具有这种特征，奇特夸张的造型和绚丽多彩的装饰。

（右上） 北方鸱吻（北京故宫乾清门）

鸱吻是中国古建筑屋脊上的装饰，其形象是龙头鱼尾，龙头张嘴咬屋脊，脑后插一把宝剑。北方的鸱吻厚重敦实。

（右下） 南方鸱吻（长沙岳麓书院赫曦台）

南方的鸱吻同样是龙头鱼尾，龙头张嘴咬屋脊，脑后插一把宝剑，但是其造型就比北方的空灵轻巧多了。

（上左） 北方建筑石雕（天津杨柳青石家大院）

北方建筑的装饰石雕粗犷质朴，敦实厚重，体现现实主义的艺术风格。

（上右） 南方建筑石雕（上海豫园）

南方建筑的装饰石雕精巧细腻，体现出浪漫主义的艺术气质。

（下） 北方私家园林（天津杨柳青石家大院）

由于地理气候的原因，北方的园林山水植物也比较疏朗空旷、建筑也比较粗犷简单。

南方私家园林（上海豫园）

南方的园林则山水绮丽，植物丰
茂密集，建筑也比较奇特精巧。

地域建筑文化在很多特定的场合互相交流。例如清朝皇帝羡慕江南园林美景和人文生活，就在北京和承德的皇家园林里模仿江南园林，造出"园中之园"。还在颐和园万寿山后山做"苏州街"，模仿苏州城内的街道生活。流动的商人经常是地域文化交流的主角，一地的商人到了其他地方经商，常把家乡的文化艺术带去，商人们建的会馆建筑就经常体现出这种文化交流的特征。

（下）北京颐和园后山的"苏州街"

清初康熙、乾隆等帝王特别喜爱江南美景和人文风情，这是北方所没有的，于是在北京颐和园的后山模仿苏州街景建造了一条苏州街。由宫女太监们装扮成市民店员在此做买卖，帝后们到此游玩就像是到了江南城镇街道。

（右上）山东烟台"天后宫"（福建会馆）

福建商人建在山东烟台的会馆，完全按照家乡建筑的式样来建造，与山东本地的建筑风格迥异。甚至连工匠也是从福建请来，建筑材料也是从福建运来的。

（右下）湖北襄阳山陕会馆屋顶

山西、陕西商人建在湖北的会馆，建筑做法具有山西陕西的地方特征。例如屋顶上用不同颜色的琉璃瓦拼成菱形图案；屋脊上的宝顶和其他装饰等都是山陕地方建筑的做法。

107

中国古代建筑的
地域特色

第一部分
中国古代建筑的
基本特点

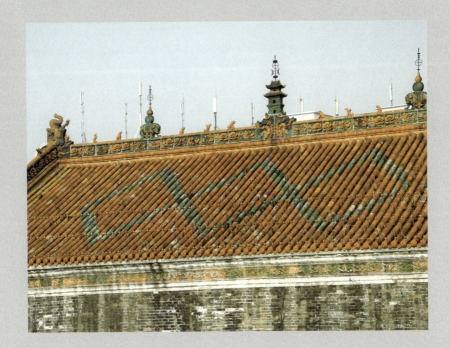

第二部分

中国古代建筑类型

及其艺术特点

一
城防建筑

　　所谓城防建筑主要就是我们常说的城墙和城楼。古代诸侯国之间互相攻战，攻城略地。城市需要保护，于是建起城墙来抵御外敌。著名的长城也属于城防建筑，但它不是一座城的城墙，而是古代诸侯国的边界。春秋战国时代北方的诸侯国为防止北边其他民族的入侵在北部边界修筑了防御性的城墙，秦始皇统一中国以后，把原来北方各诸侯国的北边城墙连接起来，这就是今天著名的"万里长城"。长城沿山脊而建、蜿蜒起伏、蔚为壮观。每隔一段距离就选择制高点建一个烽火台。

　　烽火台为方形平顶台形建筑，下面驻扎军队，顶上堆放柴草，遇到敌人进攻，就点燃柴草，烟雾升腾，一个个烽火台接力式传递，迅速把信号传到远方。这种烟火就叫"烽火"、"烽烟"或"狼烟"，后世用这些词来形容战争就来源于此。

　　长城在延绵数千公里的山峦丘壑之间蜿蜒起伏，把南北两方的民族隔离开来。但内外两边还是有日常的商贸往来，所以长城每到一处山谷地带的交通要道就设一个关卡，实际上就是一个城门，派有军队驻守。我们常听说的山海关、居庸关、娘子关、嘉峪关等就是长城沿线这样的关口。

（右上） 长城（张振光摄）

长城是古代为抵抗异族入侵而修筑的防御性建筑，与古代城市的城墙做法相同，所以也属于城防建筑一类。长城在山峦峰谷之间蜿蜒，每座山峰顶上建有烽火台。每当有敌军进攻时，守兵们就在烽火台上点燃柴草，迅速将消息传递到远方。今天用"烽烟"、"烽火"来形容战争也就是这样来的。秦、汉、北魏、隋、金等朝都修长城，但存留至今的砖筑长城则为明代所建。

（右下） 山海关城门城楼（photochina 图库）

山海关是万里长城的最东端。所有城墙最重要的出入口都有城门，城门的顶上建有城楼。

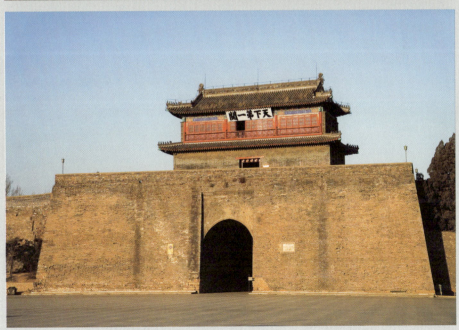

嘉峪关

长城所经过的地方，凡遇到交通
要道便设有关口，例如山海关、
居庸关、娘子关等，关口设有城
门城楼。嘉峪关是长城的最西
端，扼守河西走廊的交通要道。

城墙不仅高大而且有一个很大的厚度，断面呈梯形，下宽上窄。顶上是一条宽阔的大路，叫"马道"，窄的一两丈，宽的三四丈，用于军队的行动。城墙顶上朝向城外的一面做成一个个垛状块体，叫"雉堞"，用于战时射箭御敌。

古代城镇城墙的大路出入口都有城门，城门的上面都建有城楼，城楼一般都建得高大雄伟，往往是一个城市最宏伟的建筑，成为城市的标志。城楼因处在城市防御的关键点上，正面迎敌，所以就建成"箭楼"的形式。所谓"箭楼"即用砖石砌筑的城楼，朝外开方形窗洞，可以射箭，所以叫"箭楼"。没有防御功能的城楼就采用一般的木结构阁楼形式了，例如天安门、午门等。

重要出入口的城门往往做成连续两道，并用城墙围合起来，前后两道城门之间被围合起来的这个空间就叫"瓮城"。当敌人进攻攻破了第一道城门，进入到瓮城内再攻第二道城门，这时防守的士兵就可以在瓮城四周的城墙上朝下面射箭，把敌人消灭在瓮城内。所以叫"瓮城"，取瓮中捉鳖的意思。著名的南京城中华门有四道城门，三个瓮城，这是现存中国古城中规模最大的瓮城。一般的是两道城门，一个瓮城，两道城门就有两座城楼，前面的城楼做成箭楼，后面的城楼就做成一般的阁楼了。

（右上）南京城墙

明朝最初建都于南京，南京城墙就是当时都城的城墙，是目前国内保存规模最大的城墙。墙体高大，宽阔，由巨大的城墙砖砌筑而成。

（右下）南京城墙顶面

城墙都有很大的厚度，顶上是宽阔的道路，叫做"马道"，供军队在城墙上行走。此图就是南京城墙顶上的马道。

（上）湖北襄阳城墙

是南方地区保存规模较大的古城墙之一，建于明代。所有城墙顶上朝外的一面建有垛口，叫"雉碟"，用于射箭防御。

（下）凤凰古城城门

古代城防在城墙之外都要开挖护城河，有些城镇沿河而建，就借河流为护城河。湘西边陲小县城凤凰就建在沱江边上，城墙城门沿河而建，借沱江为护城河。

（上）　南方山区城镇（湖南凤凰）

城镇防御的设置还要以地形条件为依据，南方山地城镇多以一面靠山一面傍水来设置。图中的凤凰古城便是背后靠山，前临沱江。

（下）　北方平原城镇（山西平遥）

北方平原地区的城镇防御没有地形地貌的依靠，就只有依靠四周的城墙了。

（上）　江南水乡城镇（苏州的水城门）

江南水乡城镇的地形又有特殊性，大量河流进入城中，河流也是交通要道，所以在河流进城的地方也要设城门。

（下）　西安城北门城楼

古代城市城墙在重点防御的主要城门的地方往往要设两道甚至更多道城门。两道城门之间有"瓮城"，两道城门之上都有城楼，前面城门上的城楼做成箭楼，后面一道城门上的城楼做阁楼。

（右上）　北京大前门城楼

此图为北京大前门的城楼。大前门是明清北京内城的南门，也有箭楼（图中右边）和阁楼（图中左边），原来在两者之间是瓮城，在北京城改造的时候被拆除了。

（右下）　北京大前门箭楼

所谓"箭楼"，即可以射箭的，它矗立在最前方的城楼，直接迎敌。厚厚的墙壁，窗户做成方洞，打开就可以射箭。

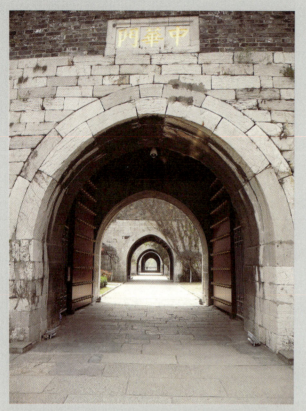

（上）南京城中华门

南京城的城墙是中国古代城墙中最大最宏伟的，其城门瓮城也是最大的，最多的多达5道门。此图为中华门，四道城门。

（下）南京城中华门瓮城

此图为南京城中华门瓮城鸟瞰，四道城门，三个瓮城。

（右上）茶陵古城城墙城楼

茶陵古城的城墙是湖南省内保存最古老的城墙，建于南宋时期，用红砂石砌筑而成。当地盛产红砂石，城墙做法具有地方特征。

（右下）长沙古城墙遗址

2011年在长沙湘江东岸的一片建筑工地上发现了一段宝贵的古城墙遗址，由宋、元、明三个朝代叠加建造而成，可看出不同时代建造城墙的不同做法。可惜没有能保住。

二
宫殿建筑

　　皇宫无疑是国家最重要的建筑，中国历史上有史记载的最宏大最著名的建筑都是皇宫。秦朝阿房宫、汉朝未央宫、长乐宫、唐朝太极宫、大明宫、明清紫禁城等等，都是中国历史上最伟大的建筑。

　　中国古代都城规划讲究轴线布局，皇宫总是处在都城的主轴线上。但是不同的朝代，皇宫在轴线上的位置有所不同。例如唐长安皇宫处在中轴线后端，元大都（北京）皇宫在中轴线前端，明清北京皇宫处在中轴线的中间。都城以皇宫为中心，地方城市则一般以衙署为中心。翻开各地的地方志我们就会发现，中国古代的地方城市虽然没有都城那样完整的规划，没有那样规整的中轴线。但是几乎所有的城市都是衙署（府衙、州衙、县衙）处在城市中心位置，这一点也足以体现中国古代城市规划中的政治性因素。

　　皇宫本身就像一座城市，中轴对称，四周城墙护城河环绕，四角有角楼。

清朝北京皇城平面

皇宫处在北京城的正中央，坐北朝南，正门是午门，北面后门为神武门。周围城墙环绕，城墙外有护城河，四角有角楼，完全就是一座城池，所以叫"紫禁城"。整体对称布局，中轴线上依次排列着午门、太和门、太和殿、中和殿、保和殿、乾清门、乾清宫、交泰殿、坤宁宫等主要殿堂。

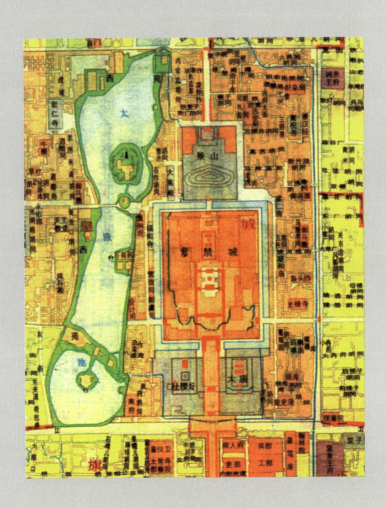

（上） 故宫中轴线

此图是从故宫后面的景山上看故宫的中轴线，中间的城楼即故宫的后门神武门。

（下） 故宫角楼

故宫四周城墙环绕，城墙四角上有角楼。角楼造型奇特、结构精美，是古代建筑艺术的珍宝。

　　皇宫的规划布局有着详细的定制，其中比较重要的有"前朝后寝"、"五门三朝"、"左祖右社"等规定。所谓"前朝后寝"，是指皇宫分为前后两个区域。前面的区域称为"朝"，是皇帝朝会群臣处理政务的场所；后面的区域即人们常说的"后宫"称为"寝"，是皇室及宫女太监等宫中人员居住生活的场所。用今天的话说就是"前面是工作区，后面是生活区"。同时也符合于中国传统农业社会"男主外，女主内"的习惯，一般情况下皇后是不能去前朝的。所谓"垂帘听政"也就是这样来的，因为女性是不能去前朝的，要去也得要象征性地挂一道帘幕，表示没有直接到前面去，而是在后面。北京故宫紫禁城就是以乾清门为界线，一条长长的隔墙把整个紫禁城分割成前后两个区，即"前朝"和"后寝"。辛亥革命成功，清帝退位，当时的民国政府制定了优待清室的政策，允许退位皇帝溥仪和清王朝的遗老遗少们继续住在紫禁城内。但是规定只准在后宫中活动，不准越过乾清门。实际上这就是一种象征，只是生活，没有政治了。

　　所谓"五门三朝"，是古代宫殿制度规定皇宫前面要有连续五座门，即皋门、库门、雉门、应门、路门；而皇帝的朝堂要有三座，分别为外朝、治朝、燕朝。在今天北京故宫中相应的五门就是大前门、天安门、端门、午门、太和门；三朝即故宫中的三大殿——太和殿、中和殿、保和殿。三座殿堂分别有不同的功能，太和殿相当于"外朝"，是皇帝朝会文武百官和举行重大典礼仪式的场所；中和殿相当于"治朝"，是皇帝举行重大典礼之前临时休息的地方，有时也在这里处理一般朝政，每届科举考试中最后皇帝亲自主考钦点状元的殿试也是在这里举行；保和殿相当于"燕朝"，是皇帝个别会见朝臣，处理日常朝政的场所。这里最重要的是太和殿，它是皇宫中最重要的殿堂，皇帝的登基大典等最重要的仪式必须在这里举行，太和殿里的皇帝宝座就是最高权力的象征。

（上） 天安门

天安门是北京故宫的前门，下部类似城门，上面建有城楼。城楼重檐歇山顶，正面九开间，进深五开间，寓意"九五之尊"。

（右上） 午门

午门是北京故宫的正门，进入午门就是进入了皇宫，所以它是最高等级的建筑。下部城墙呈"凹"字形平面，前面形成一个小广场，是皇帝举行阅兵仪式的场所。上部城楼采用重檐庑殿顶，面阔九开间，是最高等级的式样，比天安门的等级高。两旁用连廊连接着四座重檐攒尖顶的四方亭阁，形成一组气势恢宏的建筑群。

（右中） 太和门

是故宫中心建筑群——三大殿所在庭院的大门，即皇宫核心部位的正门。虽然只是一个庭院的大门，却像一座殿堂，重檐歇山顶，面阔九开间。

（右下） 太和殿

北京故宫的核心建筑，皇帝上大朝的主殿。皇帝朝会文武百官，举行最高等级的典礼仪式都在此进行，是目前国内现存最大规模最高等级的建筑。重檐庑殿顶，十一开间。按制度规定最高等级就是九开间，十一开间是后来的发展，制度规定的最高等级仍然是九开间。

（左上）　中和殿、保和殿

紧跟着太和殿之后便是中和殿和保和殿，与太和殿一同并称"三大殿"。前面这座四方形攒尖顶的殿堂是中和殿，是皇帝会见官员，处理日常朝政的地方。每逢科举考试，最后的"殿试"，即由皇帝亲自主持考试并钦点状元，也是在中和殿内举行。中和殿后面是保和殿，是皇帝个别会见官员，举行小型会议的地方。

（左下）　乾清门

乾清门是故宫里"前朝后寝"两大区域的分界线，前面是皇帝上朝的工作区，是政治权力的象征。进入乾清门就是进入了后宫，是皇帝皇后太子妃子们居住生活的地方。

（右上）　乾清宫

进乾清门后看到的第一座殿堂就是乾清宫，这是皇帝居住的殿堂。当然也是最高等级，重檐庑殿顶，九开间，比太和殿少两开间。

（右中）　太和殿内

太和殿内中心有一个高台，上面放着皇帝的龙椅，这是天下最高权力的象征。

（右下）　乾清宫内

乾清宫内的皇帝宝座也比太和殿里的要矮小一些，虽然也是皇帝的殿堂，但毕竟这是后宫生活居住的场所，不能和前朝举行朝会的场所相比。

　　所谓"左祖右社"，是指皇宫的左边是祭祀祖宗的祖庙，右边是祭祀社稷的社稷坛。中国人崇拜祖先，祭祖是中国人世代相传的传统，皇帝也不例外，而且要做全国人民的表率，要把祭祖宗的祖庙建在皇宫旁边最重要的地方。《礼记》中说："君子将营宫室，宗庙为先，厩库次之，居室为后"（《礼记·曲礼下》）。祭祖宗的地方比居住的地方更重要。祭社稷也是重要的祭祀，"社"是指社神——土地之神，"稷"是指稷神——五谷之神。中国古代是农业国，有土地和粮食就会国泰民安，所以皇帝必须隆重地祭祀社神和稷神。"建国之神位，右社稷而左宗庙"（《礼记·祭仪》）。春秋战国时代的《考工记》中正式确定了皇宫规划中"前朝后寝，左祖右社"的制度。在今天北京故宫的布局中我们还能完整地看到"左祖右社"的痕迹——天安门的东边是太庙（皇帝的祖庙叫"太庙"），即今天的劳动人民文化宫；天安门的西边是社稷坛，即今天的中山公园。注意这里说的"左右"，是按皇帝坐在皇宫中坐北朝南的位置，他的左右。当我们站在天安门外，面朝皇宫里的时候，左右就正好反过来了。中国古建筑所说的"左右"都是这样看的，这一点非常重要，因为在中国古代建筑中，或在人们的座位次序排列中，左右关系是有着等级地位的差别的。

　　皇宫在建筑上最重要的特征是等级制。当然，整个皇宫都是最高等级的，红墙黄瓦的皇家风格，但是就在这同一个皇宫建筑群中也还是有等级差别的。例如天安门和午门，同是皇宫大门，但是天安门只是前门，而午门是皇宫的正门，所以午门的等级（重檐庑殿顶）高于天安门（重檐歇山顶）。又如太和殿和乾清宫，同是皇帝的建筑，同样都是重檐庑殿顶，但是太和殿十一开间、三层台基，而乾清宫九开间、两层台基，显然太和殿高于乾清宫。因为太和殿是皇帝上大朝举行重大仪式的地方，乾清宫是皇帝居住的地方。皇宫中还有皇后、妃子、宫女、太监等其他人员的建筑和一些其他辅助性建筑，其等级就更低了。

　　天安门前面矗立着一对华表，这是皇权特有的象征物。相传上古时代的开明君王尧帝在自己的皇宫前竖立一根木柱，上面横着一块木板，谁对君王有意见就写在那木板上，这东西叫作"诽谤木"。久之，这诽谤木就成了皇宫前的一个标志，表示君王能够虚心听取老百姓的意见。随着建筑的发展，这简陋的诽谤木逐渐演变为带有装饰性的建筑物，原来的木柱变成了雕龙石柱，上面横着的木板变成了华丽的云板，这就是我们今天看到的华表。诽谤木变成了华表，原来让人提意见的功能已经不存在，但是还有一点，仍然表示皇帝体察民情的含义就是华表顶上的那尊神兽，它叫"犼"。相传犼是龙子之一，喜好守望，放在皇宫前的华表上是为了守望和监督皇帝。天安门的前面和后面各有一对华表。后面一对华表上的犼叫作"望君出"，意思是告诫皇帝不要耽于宫中享乐，要出宫去看看社会，体察民情。天安门前面一对华表上的犼叫作"望君归"，意思是提醒皇帝不要只顾游山玩水，要及时回宫处理朝政。总之这犼就代替了原来诽谤木的作用，表示对皇帝的监督。于是华表就成了皇权的象征，一般只是矗立在皇宫和皇帝陵墓前面。我们今天只能在北京故宫和各地的皇家陵墓才能看到华表，别处是没有的。今天北京大学里面一对华表是原来圆明园的遗物。

华表

从最初的"尧立诽谤木"演变到后来的华表，虽然形式和实质都变了，但是顶上的那尊"犼"仍然还保留有对皇帝监督的含义。天安门前面有一对华表，上面的犼朝外，叫"望君归"，意思是要皇帝及时回宫处理朝政。

天安门背面

天安门后面也有一对华表，上面的犼朝向宫内，叫"望君出"，意思是要皇帝出宫去看看社会，体察民情。

沈阳故宫

清朝建立之初，还没有统一全国，先在盛京(今沈阳)建造了皇宫。入主北京后，承续沿用了明朝的北京故宫。沈阳故宫一方面是国家尚未统一之前的小朝廷，没有完全按照传统礼制规格来建造；另一方面是按照满族八旗制度的特点来建造的。它最重要的是东路的大政殿和十王亭一组建筑，与汉族传统的宫殿建筑布局完全不同。

（左）　沈阳故宫大政殿

这是沈阳故宫中最重要的建筑，是举行皇家最高典礼的地方。重檐八角攒尖顶，装饰极其华丽，但它完全不是按照礼制中的最高等级式样（庑殿）建造的，说明清朝政权建立之初，礼制还不是那么完备。

（下左）　沈阳故宫厢房装饰

沈阳故宫的建筑虽然没有按照礼制等级建造，皇宫中的重要建筑甚至都是一些低等级的建筑式样，但是其装饰却是极其华丽，仍能显示出皇家的气派。此图为大政殿旁边的十王亭其中一座。

（下右）　山西大同九龙壁

古代重要建筑前面都有影壁，为了遮挡人的视线，不让人看见大门内。大同九龙壁即是明太祖朱元璋第十三子代王朱桂王府前的影壁。朱桂身为皇子，骄横任性，模仿北京故宫和燕王府前的九龙壁，建造了一座规模更大的九龙壁。虽然逾越了等级礼制，但皇帝和其他皇子们都只好让着他。

（右）　湖北襄阳"绿影壁"

这是明代襄阳藩王襄宪王朱瞻墭王府前的影壁，符合于一般王府规制。所用材料比较特别，用大块绿色砂岩制作而成，浮雕云龙，工艺特殊。

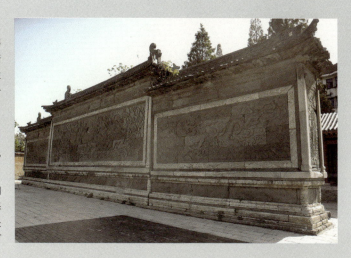

（下）　唐大明宫含元殿复原模型

唐代大明宫曾经是一座辉煌的宫殿，史书中有很多相关的记载。通过多年的遗址考古发掘，我们今天能够比较清楚地判断它的基本布局和规模尺度。它的面积是今天北京故宫太和殿的三倍，可见当年唐朝皇宫建筑的宏伟气势。

坛庙是中国古代的祭祀建筑。必须特别注意的是中国古代的祭祀并不是宗教，而是起源于原始时代人们对于天地自然和人文祖先的敬畏和感恩。中国是农业国，是否风调雨顺，是否五谷丰登，天地自然就决定了国家的命运和人们生活的一切。圣贤祖宗等前辈先人创造了文化，生养教育了子孙。所以人们对于天地神灵、自然万物、祖先前人充满着敬畏和感激之情，于是在一年之中特定的时节祭祀天地祖宗，自古就形成了这样的传统。

祭祀分为两类，一类是祭祀天、地、日、月、社稷以及风云雷电山川河流等自然神灵，这类祭祀表达的是人与自然的关系。其中祭天是最高等级的仪式，只有皇帝才能祭天，因为皇帝是"天子"，上天之子，其他人都是无权祭天的。另一类是祭祀人物，国家级的，最高级别的是祭孔子，全国各地都有孔庙、文庙。数量最多，最普及的是老百姓祭祖宗，即所谓家庙、祠堂。还有各地祭祀的著名人物、历史功臣等，例如祭屈原的屈子祠、祭柳宗元的柳子庙、祭诸葛亮的武侯祠、祭关羽的关帝庙等等，这类祭祀表达的是人与人的社会关系。祭祀自然神灵的建筑叫"坛"，例如天坛、地坛、社稷坛等等；祭祀人物的建筑叫"庙"或者"祠"，例如孔庙、关帝庙、家庙、祠堂等。

　　天坛是坛类建筑的典型代表。天坛建筑的象征手法主要表现在
"形"的象征、"色"的象征、"数"的象征三个方面。中国古代自然观
认为天是圆的，地是方的，所谓"天圆地方"。于是在建筑形象上，天
坛做成圆形以象天，地坛做成方形以象地。祭天的祭坛——寰丘坛是一
个三层的圆形坛台；存放"昊天上帝"牌位的皇穹宇是一个圆形殿堂；
皇穹宇所在的庭院是一个圆形的庭院，即所谓"回音壁"；北端的祈谷
坛又是一个三层圆形坛台，它的最典型代表祈年殿是一个三层的圆形攒
尖顶建筑，成为中国古建筑中一个最奇特也最精美的建筑造型。一般人
们一说到北京天坛就立刻想到祈年殿，其实天坛中最重要的建筑并不是
祈年殿，而是那个没有建筑的寰丘坛，因为那是皇帝一年一度举行最高
等级的祭祀典礼——祭天大典的场所。只是因为祈年殿建筑之美，使人
们都认为它是整个天坛中最重要的建筑了。

北京天坛鸟瞰

天坛是中国古代祭天的
场所，祭天是最高等级
的祭祀礼仪，只有皇帝
才能祭。北京天坛的占
地面积是故宫的三倍，
可见其地位和重要性。
中国古代哲学观中的"天
圆地方"，认为天是圆
的，地是方的。所以祭
天的建筑——天坛的主
要建筑都是圆形的。天
坛建筑的色彩也是一反
中国传统建筑色彩的常
态，主要建筑都用蓝色
琉璃瓦，象征天的颜色。

天坛圜丘坛

天坛建筑群中最重要的是这个没有建筑的
圜丘坛。它处在天坛中轴线的前端，每年
一度由皇帝亲自主持的祭天大典就在这个
坛台上进行，所以它是最重要的。三层汉
白玉砌筑的坛台，制作工艺极其精美。

（上）皇穹宇主殿

皇穹宇是一个圆形庭院组成的
建筑群，其主殿也是一座圆形
建筑，单檐圆形攒尖顶。皇穹
宇处在圜丘坛的后面，平时
"昊天上帝"的牌位就存放在
这座殿堂里，举行祭天大典的
时候，就把牌位请出来，陈放
在圜丘坛上祭祀。

（左）皇穹宇殿内

皇穹宇大殿内没有别的陈设，
只有中央一个宝座，"昊天上
帝"的牌位就安放在这宝座上。

丹陛桥

皇穹宇后面是一条300多米长的御路，叫做"丹陛桥"，连接皇穹宇和祈年殿两组建筑。丹陛桥高出两旁地面4~6m，呈缓坡上行，远远看见前端的祈年殿一组建筑，犹如天宫楼宇，人行走在丹陛桥上有走向天庭的感觉。

色彩的象征也是天坛建筑的一个突出特色。中国古代建筑的色彩是有等级之分的，黄色是最高等级，其次是红色，再次是绿色。然而天坛却是一个特例，这里最重要的颜色是蓝色，因为这是天的颜色。天坛中最重要的建筑都是蓝色屋顶，在这里蓝色的地位高过了皇帝专用的黄色。甚至天坛中皇帝居住的建筑——斋宫也不敢用黄色，而用绿色。在"天"的面前，皇帝也不敢尊大，他只是上天之子——天子。天坛祈年殿的三层蓝色圆形攒尖顶，自然成了象征天庭的最典型代表。然而其实最初明朝建造的祈年殿并不是三层蓝色屋顶，而是顶上一层蓝色，中间一层黄色，下面一层绿色，三层屋顶三种颜色。蓝色象征天，黄色象征地，绿色象征皇帝，也象征天下万物生灵。清朝乾隆年间重修祈年殿的时候，将三层屋顶全部换成了蓝色。光绪年间祈年殿遭雷击被烧毁，过后按原样重建，仍做成三层蓝色屋顶，这就是我们今天所看到的祈年殿了。

祈年殿

祈年殿是天坛中最后一组重要建筑，原来上面也是没有建筑的，叫"祈谷坛"。明代开始在坛台上建了一座方形大殿，后改为圆形的。三层圆形攒尖顶，造型之美成为中国古建筑艺术的典型代表。

（上）　天坛斋宫正殿

每次祭天之前，皇帝要提前住到天坛中的斋宫里去斋戒三
日，过简朴的生活，没有享乐，以示对天的虔诚之意。斋
宫虽然是皇帝的宫殿，但是在"天"的面前皇帝也不敢尊
大，所以用绿色琉璃瓦，而不用最高等级的黄色琉璃瓦。

（下右）　天坛斋宫正殿前斋戒铜人亭

在天坛斋宫前的月台上有一座小亭子叫"斋
戒铜人亭"，亭中的石桌上立着一尊铜人塑
像。据说铜人是按照唐朝著名宰相魏征的形
象塑造的，魏征以正直清廉敢于批评皇帝而
著称，塑造他的形象是为了监督皇帝诚心
斋戒。

（下左）　天坛斋宫正殿室内

因为斋宫是皇帝斋戒的地方，要过简朴生活，没有享乐。所
以建筑的室内也装饰简单，完全没有皇宫中那种金碧辉煌。

　　天坛建筑中还有一种象征手法——数的象征。在中国的建筑文化中"数"是有特殊含义的，其中一类是信仰层面，或者哲学层面的，即所谓"术数"。在天坛建筑中"数"的象征都是围绕一个"天"字，所有的数字都与天有关。祭天的寰丘坛上正中间是一块突出地面的圆形石块，叫"天心石"，周围用扇形石块墁铺，石块的数量均以九和九的倍数组成，因为"九"是阳数之极，就是天的象征。"天心石"周围第一圈是九块石块，名曰"一九"，第二圈是十八块，名曰"二九"，第三圈二十七块，名曰"三九"，依此类推，直到第九圈九九八十一块。整个上层坛面共有石块四百零五块，由四十五个九组成，而四十五又恰好是"九五"，正合"九五之尊"。

　　另外，祈年殿的建筑结构也是一个以数的象征为特征的杰作。其圆形建筑由内外两圈柱子和中央四根柱子支撑，中央四根柱子象征一年四季；内圈十二根柱子象征一年十二个月；外圈十二根柱子象征一天十二个时辰；两圈加起来二十四根象征一年二十四个节气；加上中央四根柱子总共二十八根，象征天上二十八星宿；建筑上部结构中有三十六根童柱，象征道教星神三十六天罡；祈年殿东边与宰牲亭相联的长廊有七十二开间，象征七十二地煞。在这里，几乎所有的数字都与天相关，在建筑结构上要符合于天数，而建筑造型又要美，我们不得不佩服当时工匠的创造性。

（上）天坛圜丘坛铺地

天坛建筑都要有象征的含义，圜丘坛上的石块都以"天数"（阳数之极）九为单位进行铺设。中央一块圆形石块叫"天心石"，周围一圈9块，叫"一九"，第二圈18块，叫"二九"，第三圈27快，叫"三九"，如此类推，直到九圈，81块。九圈合计共有石块四百零五块，由四十五个九组成，而四十五又恰好是"九五"，正合"九五之尊"。

（下）天坛祈年殿内部

祈年殿的建筑结构也以数作象征。其圆形建筑由内外两圈柱子和中央四根柱子支撑，中央四根柱子象征一年四季；内圈十二根柱子象征一年十二个月；外圈十二根柱子象征一天十二个时辰；两圈加起来二十四根象征一年二十四个节气；加上中央四根柱子总共二十八根，象征天上二十八星宿；建筑上部结构中有三十六根童柱，象征道教星神三十六天罡等等，都是与天相关的数。

　　祭祀建筑还和"阴阳五行"思想有关。"五行"的思想主要表现在"五方"和"五色"的象征。由"五行"中的木、火、金、水、土，分别对应"五方"中的东、南、西、北、中，以及"五色"中的青、赤、白、黑、黄。北京天安门西侧的社稷坛（今中山公园）的祭坛是一座正方形的坛台，坛面上按照不同的方向分别填着五种不同颜色的土壤——东方青色，南方赤色，西方白色，北方黑色，中央黄色。社稷坛是古代皇帝祭祀土地之神"社神"和五谷之神"稷神"地方，中国古代是农业国，土地和粮食是关乎国家命运的头等大事。有土地有粮食就意味着国泰民安，天下太平。久之，人们就把"社神"和"稷神"与国家社会的安定太平联系在一起，所谓"社稷江山"便是由此而来。而国家的土地是一个东南西北中各方统一的整体，用五种颜色的土壤，分别代表着天下五方，象征着平稳安定的一统江山。

（左） 北京社稷坛

社稷坛是古代皇帝祭祀土地之神"社神"和五谷之神"稷神"地方，中国古代是农业国，土地和粮食是关乎国家命运的头等大事。有土地有粮食就意味着国泰民安，天下太平。久之，人们就把"社神"和"稷神"与国家社会的安定太平联系在一起，所谓"社稷江山"便是由此而来。社稷坛在北京天安门西侧（今中山公园），其祭坛是一座正方形的坛台，坛面上按照不同的方向分别填着五种不同颜色的土壤——东方青色、南方赤色、西方白色、北方黑色、中央黄色。东南西北中各方代表统一国家的整体，用五种颜色的土壤，分别代表天下五方，象征着平稳安定的一统江山。

（上） 北京社稷坛坛墙

北京社稷坛坛台周围的矮墙也是按照东南西北四方的颜色做的，东边的蓝色（青色），北边的黑色。

祭祀建筑中的另一类就是"庙"或者
"祠"。在中国一般人们把宗教类建筑统
称为"庙",其实它们是有着准确的定义
和严格差别的。佛教的叫"寺"、"院"、
"庵";道教的叫"宫"、"观";中国传统
的祭祀建筑叫"坛"、"庙"、"祠"。前面
介绍的"坛"是祭祀自然神灵的,祭祀人
物的叫"庙"或"祠",例如孔庙、关帝
庙、屈子祠、武侯祠等等。数量最多最普
及的是老百姓祭祖宗的祠堂,也叫"宗
祠"、"宗庙"、"家庙"。

纪念著名人物的祠庙一般建在与这人
物相关的地方,例如湖南汨罗的屈子祠,
建在屈原投江的汨罗江畔;在屈原的家乡
湖北秭归也有屈子祠;陕西韩城是史学家
司马迁的家乡,这里建有司马迁祠;湖南
永州是柳宗元曾经生活过的地方,他在这
里写了《永州八记》、《捕蛇者说》等名
作,这里至今保存着完好的柳子庙。另外
还有四川云阳的张飞庙、四川成都的武侯
祠纪念古代军事家诸葛亮、福建福州的林
则徐祠纪念爱国将领林则徐等等,不一
而足。

（右上）汨罗屈子祠

祭祀天地自然神灵的是"坛",
祭祀人物的就是"庙"或者
"祠"。湖南汨罗屈子祠为纪念战
国时期著名诗人屈原而建,当年
屈原在汨罗江投江自尽。

（右下左）成都武侯祠

四川成都武侯祠纪念三国时代著
名军事家诸葛亮。

（右下右）杭州岳王庙

宋代民族英雄岳飞死后葬于杭州
西子湖畔,当地百姓在其陵墓旁
建起岳王庙,以纪念他的功德。

（上） 永州柳子庙

纪念唐代著名文学家柳宗元。当年柳宗元被贬到永州，在这里为民做了很多善事，并留下了大量著名的文学作品。

（下） 解州关帝庙（李雨薇摄）

关帝庙是全国各地都有的名人祠庙，因关羽的忠义，深受广大民众的崇敬，所以很多地方都建关帝庙来纪念他。全国的关帝庙中规模最大的是山西解州的关帝庙，因为这里是关羽的家乡。此图为解州关帝庙中的春秋楼。

成都都江堰二王庙

都江堰是秦朝李冰父子主持修建的
著名水利工程，千百年来成都平原
一直受其恩惠，人们在都江堰旁修
建了二王庙，以此纪念父子二人。

而祭祀规格最高的则是祭孔子的孔庙或文庙，在数量上除了老百姓的家庙祠堂之外，就数孔庙最多。因为古代礼制规定，凡办学必祭奠先圣先师，所以凡有学校的地方就有孔庙。当然，全国最大的孔庙是孔子家乡曲阜的孔庙。除孔子庙以外，数量最多的就是祭祀关羽的关帝庙。孔子庙是国家祭祀，是官方兴建的，建筑等级上等同于皇家建筑。孔庙或文庙是最独特的，建筑的布局、建筑的造型规格以及名称都是全国一致的。文庙的主要建筑有照壁、泮池、棂星门、左右牌坊、大成门、大成殿、左右厢房、崇圣祠或启圣祠等，组成一个完整而又严谨的建筑群。

文庙平面示意图

名人祠庙中数量最多规格最高的是祭祀孔子的孔庙或文庙，因为它是国家规定的祭祀礼仪。古代凡办学就要祭孔，所以全国所有地方都有孔庙或文庙，而且建筑布局、建筑规格、形制，甚至连建筑的名称都是全国统一的。此图为全国各地文庙的统一布局模式，当然也有少数地方文庙根据实际情况有所变通。

曲阜孔庙万仞宫墙

孔子家乡山东曲阜的孔庙当然是全国最大的。孔庙最前端的照壁叫"万仞宫墙"，本来照壁应该是不开门的，但是因为曲阜孔庙规模宏大，有城墙围绕，所以前面的照壁实际上就是城墙，城墙上就只能开门了。

文庙一般不在正面开门，正前方是照壁。照壁被称为"万仞宫墙"，其名称出自于《论语》。《论语·子张》中记载有人称赞孔子的学生子贡的道德文章超过了孔子，子贡说这就好比宫墙（古代住宅叫"宫室"，"宫墙"就是指住宅的围墙），我家的宫墙只有肩膀高，里面有什么好东西人们都看见了。而我的老师孔子家的宫墙高"数仞"（"仞"是古代度量单位，一仞等于7尺），你不进到里面就不知道它有多好。后人将"数仞"夸张到"万仞"，用以形容孔子的德行学识之高深莫测。

（上）天津文庙照壁"万仞宫墙"

这是一般常见文庙的照壁，挡在大门前面，正中不开门，进庙要从两边进入。

（下）台北孔庙照壁"万仞宫墙"

台湾的传统建筑是闽南式风格，两端高翘的"燕尾脊"是最大特点。虽然照壁相同，但建筑体现出明显的地域特色。

文庙正面是照壁，入口从照壁两边的大门进，两座大门一般都做成牌楼的形式，左右两座牌楼的外面分别刊有"德配天地"和"道冠古今"的门额，内面有的分别刊"圣域"和"贤关"，有的则刊"礼门"和"义路"。总之，都是以儒家思想中的礼仪道德教化为主旨。

岳麓书院文庙"德配天地"坊
文庙不能从正面进入，只能从东西两边的牌坊进入，东边的牌坊叫"德配天地"，西边的叫"道贯古今"，全国统一。此图为长沙岳麓书院文庙的"德配天地"坊。

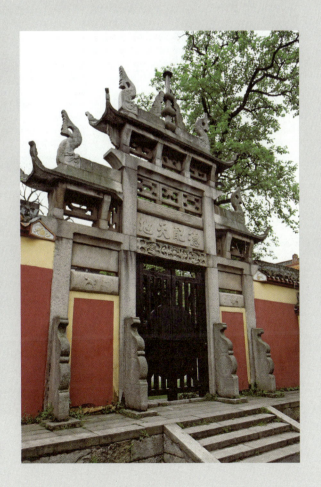

（左上） 天津文庙"道冠古今"坊

各地文庙两边的牌坊建筑式样可以不同，有地方特色，但是名称是统一的。此图为天津文庙的"道冠古今"坊。

（左下） 天津文庙"礼门"

文庙两边的入口有时是两道，外面是"德配天地"和"道冠古今"坊，里面是"礼门"和"义路"，有的就是同一牌坊的两面些着不同的门匾，外面的匾是"德配天地"和"道冠古今"，里面是"礼门"和"义路"。

　　文庙中最有特色的一个东西就是"泮池"，所有文庙都有一个半圆形的水池，这就是泮池，它来源于中国古代一种特殊的教育体制。先秦时代称天子之学（天子亲自讲学的地方）叫"辟雍"，诸侯之学叫"頖宫"。所谓"辟雍"是中央一个四方形的殿堂，四面有水环绕。而诸侯讲学的"頖宫"，则是半圆形水面环绕。这种建筑形式有着很明确的象征意义，《白虎通》中说"天子立辟雍，行礼乐，宣德化，辟者象璧，圆法天，雍之以水，象教化流行"。其形象征玉璧，而又"雍之以水"，象征教化流行，这是有关教育的最典型的象征。今天我们还能看到一个完整的"辟雍"，就是北京的国子监。诸侯之学"頖宫"，也叫"泮宫"。"頖宫"的形式是半边环水，天子之学环水，诸侯之学半水，等级降一半，"半天子之学"。泮宫最初是一条带状的水渠呈半圆形三面环绕主体建筑，后来人们将这个占地较大的半圆形水渠缩小成一个半圆形水池，置于建筑的前面，这就是泮池了。由此泮池也就成了由诸侯办学演变来的地方官学的标志。后来很多文庙在泮池上建有一座石拱桥，叫做"状元桥"，说是要中了状元的人才能从桥上走过。这一说法其实并无确切的依据，真正的意义还是半圆形的泮池本身的含义——地方官学的象征。

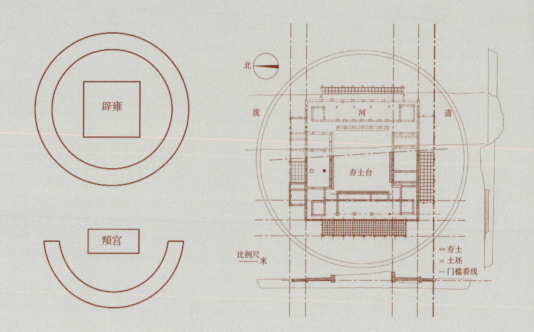

（上左）"辟雍"和"頖宫"平面示意图

古代官学建筑形式和名称都是有象征意义的。天子之学叫"辟雍"，诸侯之学叫"頖宫"，"辟雍"环水，"頖宫"半水，"半天子之学"，等级上低一等。

（上右）西安南郊汉代礼制建筑考古平面图

西安南郊考古发掘出的汉代礼制建筑，实际上就是一个辟雍，圆形水池环绕。

（右上）北京国子监辟雍

国内现存唯一的一个辟雍是北京的国子监，清代的遗存。圆形水池围绕中央一座方形殿堂，是清代皇帝讲学的场所。

（右中）南京朝天宫（江宁府学文庙）泮池

"泮池"就是古代"頖宫"前面的半圆形水池，各地文庙（地方官学）都有，现在还有很多保存下来的。

（右下）湖南宁远文庙泮池

泮池的真正象征意义是半圆形水池，"半天子之学"，而不在乎水池上是否有所谓"状元桥"。

　　泮池后面有一座牌坊，叫棂星门。一般只有祭天的建筑有棂星门，祭天之前要先祭棂星，孔庙文庙有棂星门说明祭祀规格之高如同祭天。

（左上）　曲阜文庙棂星门

棂星门本来是立在天坛前的，祭天之前要先祭棂星，孔庙立棂星门表示祭祀规格之高如同祭天。

（左下）　宁远文庙棂星门

各地文庙也都有棂星门，只是各地的建筑风格有所不同。

（右）　北京孔庙大成门

大成门是孔庙建筑的最核心部位的大门。所有孔庙的中心建筑是大成殿，大成门是大成殿所在庭院的大门。

　　文庙的中心建筑是由大成门、大成殿及两边厢房组成的四合院。大成门、大成殿的名称来源于孟子语"孔子之谓集大成"(《孟子·万章》),意指孔子是自尧舜文武等上古先王圣贤以来思想文化的集大成者。大成殿内正中的神龛中有的供奉着孔子塑像,有的不塑像,只供神牌(牌位)。有的文庙大成殿内将孔子像塑成头顶冠冕旒苏,身着龙袍的帝王形象,因为历史上孔子被历代君王封为各种"王"的称号。另有大部分文庙将孔子像(塑像或画像)做成布衣学者的形象。这两种不同的做法代表着两种不同的倾向,前者主要表达了对孔子社会地位的崇拜,并带有一定的迷信色彩(把孔子当成了神)。后者则主要表达一种文化观念——对孔子思想和学术理论的继承。为了表达对儒家思想的继承,除了对孔子祭祀以外要有"配祀"和"从祀",即所谓"四配"、"十二哲"、"乡贤"、"名宦"等。

（上）　台北孔庙大成殿

也是红墙黄瓦的皇家色彩，
但是建筑风格却带有强烈的
闽南式地域特色。

（中）　岳麓书院文庙大成殿

地方文庙的大成殿也都是红
墙黄瓦的皇家色彩，是地方
上最高等级的建筑。

（下）　山东曲阜孔庙大成殿

大成殿是孔庙文庙的主殿，
是祭祀孔子的场所，采用皇
家建筑的等级，尤其是孔子
家乡山东曲阜的孔庙更是如
此。重檐歇山顶，九开间，
石雕龙柱，装饰极其华丽。

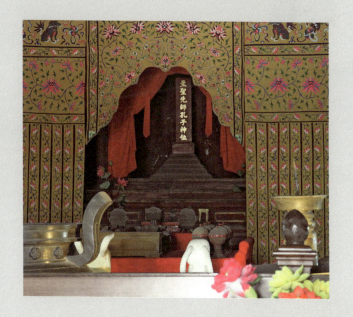

（上左）　天津文庙孔子帝王像

孔子是国家推崇的儒家学说的创
始人，历朝历代皇帝都要封孔子
一个王的称号，所以有的孔庙中
的孔子塑像便被塑成帝王形象。

（上右）　岳麓书院文庙孔子布衣
学者像

虽然孔子死后被历代皇帝封为
王，但是多数孔庙中的孔子像，
依然还是一幅布衣学者的形象。

（下）　北京孔庙大成殿内孔子神位

也有的孔庙中不塑像，而是按照
中国传统的祠堂里的做法，供奉
牌位。北京孔庙大成殿里就没有
塑像，而是供奉的牌位。

（上） 北京孔庙"四配十二哲"祭祀

孔庙中的祭祀，除了祭孔子本人以外，还有配祀、从祀等。孔庙中的配祀、从祀一般是"四配十二哲"，所谓"四配"，是承续孔子思想的四位最重要的人物——颜回、曾参、子思、孟子。十二哲是孔子最著名的弟子和儒家思想的传人。配列在孔子的旁边，同时接受人们的祭拜。

（下） 平遥文庙名宦祠

地方文庙中除了配祀、从祀之外，还要以地方上的著名的官宦和贤达来陪祀，所以地方文庙往往把大成殿两旁的厢房作为"名宦祠"和"乡贤祠"，祭祀当地著名人物。

（右） 北京孔庙崇圣祠

孔庙大成殿的后面一般都有崇圣祠，大成殿里祭祀孔子，崇圣祠里则是祭祀孔子的父母。也有一些孔庙不是崇圣祠，而是启圣祠，启圣祠则是祭祀孔子的五代先祖。

　　大成殿后面一般还有一座殿堂，比大成殿的规模相对较小，是文庙的最后一进，叫"崇圣祠"。崇圣祠内祭祀的是孔子的父母。有的文庙中叫"启圣祠"，启圣祠祭祀的是孔子的五代先祖。这一点表明了儒家提倡"孝亲"的思想，在祭祀上也要有所体现。

　　中国古代的文庙建筑有着明确的文化内涵，不论从建筑形式还是建筑的名称，都是如此，应该说它是中国古代建筑中文化内涵最多的一种建筑类型。它不仅形成了全国统一的建筑形制和统一的名称，而且影响到周边国家。例如韩国、日本、越南等国，都有孔庙或文庙，其建筑形式和名称也都和中国的一样，这也表明儒家思想对亚洲地区的影响。

孔庙、文庙是和皇宫同等的最高等级建筑，其建筑一定是宫殿式样，红墙黄瓦，重檐歇山式屋顶。不论在哪个偏僻的县城，都是如此。所以一个地方的文庙，一定是当地最高等级的建筑，因为它的建筑等级高于地方政府官署的建筑等级。

另外还有一些建筑元素也都表明孔庙文庙建筑的等级地位。例如大成殿前的丹墀（大殿前面台阶上雕龙的斜坡道），只有皇家建筑才能做丹墀，但不论哪个小县城里的文庙，大成殿前都有丹墀。龙的图案是皇家建筑才允许有的装饰，以石头雕刻的龙柱来装饰建筑则更是成了孔庙、文庙建筑的特色。中国古代建筑的柱子本来是不做装饰的，除了柱础做雕刻以外，柱身上光光的只是涂刷油漆。而孔庙文庙的柱子则常做成雕龙石柱，山东曲阜孔庙大成殿正面十根蟠龙石柱，雕刻之精美堪称国内之最。据史书记载，每当皇帝到曲阜亲临祭孔，人们都要将大成殿的龙柱用红绸包裹起来。一是表示祭祀礼仪的隆重，二是怕被皇上看见，因为如此精美的龙柱连皇宫里都没有，确实紫禁城里都没有这样的龙柱。可能是因为曲阜孔庙做龙柱开了先河，后来很多地方文庙也都做龙柱，也都是极尽华美之能事，例如贵州安顺文庙的龙柱和湖南宁远文庙的龙柱等。

（下）　北京孔庙大成殿丹墀

大殿前面台基踏步中间做成斜坡，上面雕刻云龙图案，这叫"丹墀"，是皇家建筑的标志，只有皇家建筑才能做丹墀。孔庙的大殿前都可以做丹墀，说明它的规格之高。

（右上左）　曲阜孔庙龙柱

龙的装饰也是皇家建筑才可以有的，孔庙里普遍饰有龙柱，也是高等级的象征。尤其山东曲阜孔庙大成殿前面一排龙柱，采用高浮雕装饰，精美程度为国内之最。

（右上右）　宁远文庙龙柱

湖南宁远文庙的龙柱也是采用高浮雕艺术手法，龙高出柱子表面30余厘米，这是要用整根石头雕刻出来，其难度可以想象得到。

（右下）　平遥文庙九龙壁

山西平遥文庙前面用九龙壁，也是皇家建筑的象征，但是这种做法少见。九龙壁一般是皇族王府才做，文庙做九龙壁的几乎没有。

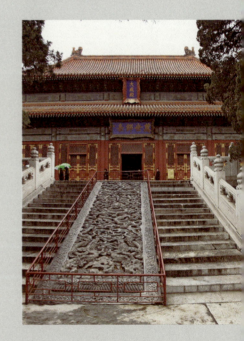

然而，在"庙"这一类祭祀建筑中有一个比较特殊的种类——岳庙。所谓"岳庙"，是指五岳（东岳泰山、西岳华山、南岳衡山、北岳恒山、中岳嵩山）祭祀的庙宇。中国古人认为东南西北中天下五方各有一位大神掌管，皇帝每年要亲临祭拜或委派朝廷大臣前往祭拜，以求得天神保佑天下平安。五岳祭祀不是宗教，从本质上来说是属于政治性的，它们是皇家祭祀场所，和天坛、地坛、社稷坛是同样的性质。皇帝祭天、祭地、祭社稷、祭五岳的目的都是为了天下一统的江山万代永固。所以五大岳庙的建筑也都是皇家建筑的等级规制，红墙黄瓦的皇家色彩，屋顶用重檐歇山。泰山脚下东岳庙的主殿天侃殿更是采用了重檐庑殿顶，最高等级的式样。其他岳庙建筑规模也都是九开间，大殿前台基踏步用丹墀，这些都是只有皇家建筑才能用的。五岳庙的祭祀规格也是最高等级的，属于皇家祭祀，要么皇帝亲临祭祀，要么委派朝廷官员至祭，其他宗教都不能与其相比。

湖南衡山的南岳庙就是典型。南岳大庙祭祀的是统管南方的"南岳圣帝"，相传圣帝就是火神祝融，阴阳五行中南方属"火"，南岳最高峰叫"祝融峰"。南宋以后，由于北边的东、西、北、中四岳均已丢失。南岳祭祀成为皇家祭祀的中心，其他宗教都陆续向这一中心靠拢，到清初康熙年间，在大庙西边已经有了八座佛教寺院，相应的在东边也建有八座道教宫观。今天南岳大庙的总体布局是中轴线上为大庙主体建筑，有棂星门、正南门、嘉应门、圣帝殿、寝殿等，宫门殿堂重重叠叠，宛若皇宫。东西两侧"八寺八观"排列，形成众星拱月的形势。佛教是西边来的，所以建在西边，道教是东方的，所以建在东边，中间是皇帝祭祀的南方大神。宗教服从政治，仍然是中国的传统。

（左）　北岳庙大殿

五岳祭祀是中国古代一种具有政治含义的祭祀典礼。中国古人相信天下五方各有一位大神管辖，于是在东岳泰山、西岳华山、南岳衡山、北岳恒山、中岳嵩山分别设岳庙进行祭祀。或皇帝亲往，或委派朝廷大员前往祭祀各方大神，以求保佑国家统一，天下太平。此图为河北曲阳县恒山脚下的北岳庙大殿——德宁之殿，因为五岳祭祀是皇家祭祀，所以采用最高等级的式样，重檐庑殿顶，九开间。

（右）　南岳大庙大殿

此图为湖南衡山县的南岳庙大殿——圣帝殿，祭祀南岳之神，也是南方之神——火神祝融。中国古代的阴阳五行说中，东、南、西、北、中五方分别对应着木、火、金、水、土五行，南方属火，归火神管辖，所以南岳祭祀火神。其建筑也是九开间，重檐歇山顶的皇家等级。

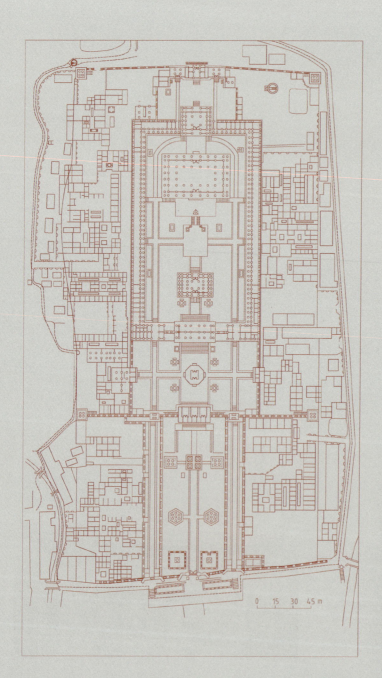

0 15 30 45 m

南岳大庙总平面图

图中可以看出建筑布局分
为东、中、西三路，中路
是南岳大庙主体建筑群，
东路有八座道观，西路是
八座佛寺，八寺八观围绕
中间的南岳圣帝。因为五
岳祭祀表达的是天下统一
的政治含义，不是宗教，
而是政治，佛教道教依附
于政治。这种建筑格局在
全国绝无仅有。

　　陵墓，尤其是皇家陵墓，是中国古代建筑的一个重要类型。这里所说的陵墓，不是一般的坟墓，古代重要人物的陵墓往往是地面下有地宫，地面上有相关的祭祀建筑，组成一个浩大的工程。陵墓建筑中最重要的部分是地下宫殿，即所谓"地宫"，地宫的建造方式主要是采用砖石拱券技术。中国古代建筑以木结构为主，木结构是梁柱结构（用柱子支撑横梁）。西方古代建筑以砖石结构为主，砖石结构的长处是拱券，用小体块的构件就可以拱出大空间。两千多年前古罗马时代的拱券技术就已经达到了很高的成就。在中国古代，砖石拱券技术除了用于桥梁以外主要就是用在陵墓地宫的建筑中。因为地宫中潮湿，做木结构容易腐烂，于是只好用砖石拱券来建造空间，因此在陵墓建筑中发展了中国古代的砖石拱券技术。

秦始皇陵远景

秦始皇是天下第一帝，他的陵墓也是天下第一陵。陵墓主体是一座边长350余米的方形土台，外围两道城墙，内墙周长3.8公里，外墙周长6.2公里。地下埋藏珍宝无数，单是离开陵墓主体较远的兵马俑坑的发掘就已经是世界奇迹了，陵墓主体内的宝藏就难以想象了。

南京明孝陵

南京紫金山下的明孝陵是明朝开国皇帝朱元璋的陵墓，也是国内最大的陵墓之一。从下马坊到陵墓主体建筑纵深长达2.6公里，占地巨大，周边环境与陵墓建筑达到了天人合一的和谐状态。

成都永陵（王建墓）地宫

帝王陵墓都有地宫，棺木安放在地宫中。地宫由砖石拱券砌筑而成，因为埋在地下，不能用木构梁架，只能用砖石拱券。所以中国古代建筑中的砖石拱券技术最早是在陵墓建筑中得到了充分的发展。此图为是五代十国时期前蜀国开国皇帝王建的陵寝，地宫中央有棺床，棺木安放在棺床上。

此图为明朝万历皇帝的陵墓——定陵的
地宫，由大块花岗岩石砌筑而成。

而在文化方面，陵墓建筑所体现的则是中国古代对人的生死轮回的思想观念。中国古代历来有厚葬之风，因为中国人相信人死之后在另一个世界继续生活，这就是所谓"阴间"，在那边过着与阳世同样的日子。而坟墓就是死去的人在阴间居住的房屋，所以叫做"阴宅"。死去的人在阴间过的生活好不好，就决定于他被埋葬得好不好，随葬的东西多不多，也就是送葬的人给他带到那个世界去的东西多不多。带去的东西多，他在那边就能过好日子，反之就会受苦挨饿。因此对待死人要像对待活人一样，这就是中国古代所谓"事死如事生"，这种观念一直延续到今天。正是因为这种观念，导致了中国历史上的厚葬之风，即在埋葬死人的时候，将大量金银财宝奢侈品和生活用品用具作为随葬品埋入墓葬之中。考古学界每发掘一座古代贵族墓，都会有惊人的发现。同时，历史上屡禁不绝的盗墓现象，也是因为这种厚葬之风所导致的。

陵墓建筑最著名的代表秦始皇的陵墓——骊山陵。陵墓主体是一个三层方形夯土台，东西宽345米，南北长350米，现存残高87米。有内外两层围墙环绕，内墙长2.5公里，外垣长6.3公里，为中国历史上最大的陵墓。关于秦始皇陵内部的情况，两千多年来一直是一个未解之谜，也是文学作品中津津乐道的一个话题。它用了70多万刑徒，干了十年才得以建成，其工程之浩大，内部之奢侈程度，让人们浮想联翩。今天为了保护的需要而没有发掘，不能确切知道陵墓内部的情况。但司马迁《史记》中也有一段关于秦始皇陵内部情况的记述，大意是陵墓地宫顶部做成半球形穹窿，镶嵌珠宝，像日月星辰。地面开挖沟渠，灌注水银，像江河大地。用东海鱼油点长明灯。所有这些做法无非就是就是一种象征，秦始皇是天地之间永久的统治者，其奢华程度难以想象。另一方面也可以间接说明，秦始皇陵兵马俑的发掘，就已经是轰动世界，被称为"世界古代第八大奇迹"了。秦陵兵马俑今天已经发掘出来的士兵俑就有七千多，还有没发掘的，另外还有100多架战车、400多匹战马，全都是1比1的真实尺度。这是一个浩大的工程，因为从陶瓷制作工艺技术的角度来看，这种真人大小的兵马俑像制作一个都不容易，何况如此大的数量。兵马俑还只是陵墓的陪葬坑，还不是陵墓主体，按一般道理，陵墓主体中一定有比陪葬坑更加壮观的场面。

中国古人的这种厚葬之风直接导致了包括建筑在内的工艺技术的高度发展。为了给死人埋葬得好，墓葬建筑必须采取各种措施使之坚固耐久，同时还要采用很多其他的防护和保护技术，尤其又是在地下这种特殊环境中，比一般的地面建筑难度更大。所以中国古代建筑中最高超的砖石拱券技术就是首先在墓葬建筑中发展起来的。古代很多砖石雕刻艺术品也是在墓葬中得以保存下来的，例如很多汉墓中出土的画像砖、画像石，不仅能让我们看到那些已经不存在了的建筑形象，而且还保留下来很多历史、文化、生产、生活等各方面的信息。在防潮防腐技术方面，墓葬建筑也做出了特殊的贡献。

陵墓地宫用砖石拱券的方式建成。进入墓门通过一个长长的斜坡向下的墓道，墓道两侧墙壁上有时装饰着壁画。壁画内容往往是墓主人生前生活的场景等。地宫内有棺床，棺材就放在棺床上。有时有皇帝、皇后或家人合葬，就几口棺材同时放在一个棺床上。

（上）　唐墓地宫墓道壁画（杜一鸣摄）

陵墓的地宫中多用壁画或砖石雕刻来装饰，从已经发掘的唐代皇陵章怀太子墓、懿德太子墓和永泰公主墓中可以看出，唐朝皇陵多用壁画装饰。壁画内容是描绘当时的宫廷生活场景。

（中）　湖南新化古墓壁画

陵墓壁画可以看出当时的文化艺术及社会状况。这幅图是湖南新化县的一座古墓中的壁画，其年代尚有待考证，墓室两边墙上各有十二个小壁龛，里面画着十二生肖和十二个人物形象。有意思的是图中的十二生肖与我们今天的十二生肖有些不同，说明十二生肖在不同时代是变化的。

（下）　成都永陵棺床石雕

陵墓中的雕刻装饰也极其讲究，成都永陵地宫中的棺床四周装饰着石雕图案，其中有一组演奏乐器的女性形象特别精美，神态生动，栩栩如生。

陵墓建筑分两部分，一部分是地下，即墓葬本身（地宫）；另一部分是地面，即祭祀建筑等。大型陵墓的地面建筑主要有神道、牌坊、祭殿、方城明楼等。神道是陵墓前面通往陵墓主体的大道，两侧立着石头雕刻的人物和动物，叫"石像生"。神道是有等级的，必须是贵族和高等级的官员以上的陵墓才能有神道。唐高宗李治和女皇武则天合葬的乾陵（陕西乾县）的神道长达5公里，是目前皇陵中最长的。北京明十三陵的神道比较特别，一般是每一座陵墓就有一条神道，而十三陵是十三个皇帝的陵墓共一条神道。前面建一座宏伟的牌坊，长长的神道进去以后再分别进到各座皇陵。

（下左）　明孝陵华表

陵墓的地面建筑最前端都是一条长长的神道，神道两旁矗立着华表和石像生。华表的造型不同时代有不同的特点，与宫殿前的华表也有所不同。

（下右）　沈阳清东陵华表

沈阳清东陵又称"福陵"，是清太祖努尔哈赤和孝慈高皇后叶赫那拉氏的陵墓，满清王朝入关统一全国之前在东北先建立了朝廷，清朝最初的三位统治者的陵墓合称"关外三陵"，东陵就是"关外三陵"之一。此图中的华表就是清东陵神道边的华表，与宫殿前的华表比较相似。

（上左）　南朝陵墓辟邪

帝王陵墓前面的神道两旁要立很多石人石兽，叫做"石像生"。石兽常有狮、虎、马、羊、象、骆驼、麒麟等，魏晋南北朝时期的陵墓常做"辟邪"，也是一种传说中的神兽。

（上右）　明孝陵石像生

明朝开国皇帝朱元璋的陵墓——明孝陵的神道长达2.6公里，两旁伫立着体量巨大的石像生，可见工程之浩大。

（下左）　明孝陵石像生文臣

神道石像生中的人物石像一般有文臣和武将两类，成对地立于左右两旁。此图为明孝陵神道的文臣像。

（下右）　明孝陵石像生武将

武将像全身盔甲，一副威严形象，俨然陵墓的守护神。

陵墓的主体建筑是以祭殿为中心的一个庭院，前有院门，进入院中再是正殿。现存皇陵中最大的祭殿是北京十三陵中永乐皇帝的陵墓——长陵的棱恩殿。重檐庑殿顶，九开间，其规模仅次于北京故宫太和殿和太庙（现北京劳动人民文化宫）大殿，是单体最大的三大古建筑之一。棱恩殿内部构架全部采用巨大的整根金丝楠木柱，不施油漆，数百年过去了仍完好如初，无虫蛀、不腐烂。祭殿的后面是方城明楼，方城明楼内往往是一座巨大的纪念碑，其后面就是陵墓地下通道的入口，构成一个完整的建筑群。

明长陵

长陵是明成祖朱棣即永乐帝的陵墓，是明十三陵中规模最大，保存最完好的陵墓。尤其正殿祾恩殿是国内最大的殿堂之一，与北京故宫太和殿、北京太庙大殿并称为三大殿堂。重檐庑殿顶，九开间，建在三层汉白玉台基之上。60根金丝楠木大柱支撑大殿结构，为国内仅见。

沈阳清东陵城楼

陵园建筑就像一座小宫殿，沈阳清东陵建有城墙城楼，城墙四角有角楼，俨然一座皇宫。此图为城墙正门城楼和东南角楼。

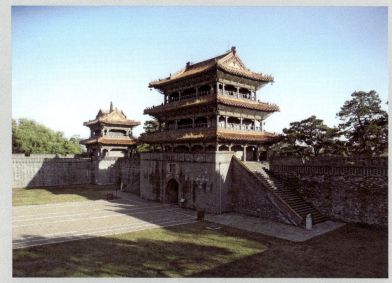

沈阳清东陵祭殿

陵园地面建筑虽然雄伟，但数量并不太多，一般只有三进。第一进是大门，第二进为祭祀墓主人的祭殿，第三进是方城明楼。其中祭殿是陵园的主殿，是陵园中最重要的建筑。此图即是沈阳清东陵的祭殿。

（上） **明孝陵方城明楼**

方城明楼在祭殿的后面，是陵园建筑的最后一进，往往有一座高高的城台，上面有一座城楼，里面常常是立着御碑，即墓主人的记功碑。城台的下面有门，一般就是进入后面墓体（坟冢）的入口。方城明楼上面的城楼一般是正方形平面的小型殿堂，明孝陵的方城明楼则做成长方形平面的大型殿堂。

（左） **沈阳清东陵方城明楼**

沈阳清东陵的方城明楼是一般常见的方城明楼的建筑形式——正方形平面的小型殿堂。

明孝陵御碑

帝王陵墓都有御碑，所谓御碑即后代帝王对去世的前代帝王的赞颂之辞，制作成巨大的碑石，立于陵墓之前的碑亭或者方城明楼内。明孝陵御碑之高大为国内帝王陵墓所罕见。

皇帝陵墓以外的其他贵族及朝廷官员陵墓则具有明显的地域特色。

杭州岳飞墓

帝王陵墓以外的其他陵墓，皇亲贵族、朝廷大臣、著名人物等都没有那么完整的陵园建筑，但是神道和石像生却是多数重要人物的陵墓都有的。图为宋代民族英雄岳飞的陵墓前面的神道石像生，由于岳飞墓是和纪念他的岳王庙连在一起，所以陵墓本身除了神道以外就没有其他建筑了。图中岳飞墓旁边较小一点的是岳云墓。

（上）　长沙曾国藩墓

曾国藩因功勋卓著而被封侯，贵族陵墓是有等级规制的。曾国藩墓原有御碑亭、墓庐、牌坊、神道（含石像生）、东西阙、墓冢，文化大革命中遭到严重破坏，后经修复，目前保存完好的仅剩墓冢和东西阙。此图为墓冢，具有明显的湖南地方特色。

（右）　曾国藩墓东阙

阙原是陵墓的大门，最早的阙是门楼的式样，由砖石砌筑而成，实心，上面有小屋顶。后来逐渐演变成柱状构筑物，且各地做法不同。此图为曾国藩墓的东阙，顶上蹲着一只羊，做法特殊，且具有湖南地方特色。

（五）
宗教建筑

　　中国古代本来是没有宗教的，东汉明帝时佛教传入，后来又产生了道教。
这里要特别说明的是，很多人以为道教产生于春秋战国时代，是老子创立的，
这种说法是不对的。老子创立的是道家哲学，而不是道教。是后来的道教以老
子的思想作为教义，尊老子为教祖，使人们误以为是老子创立了道教。

　　在佛教传入以前，中国只有传统的祭祀和一般的迷信。真正的宗教必须要
有教义、宗教组织、正规的仪式等条件，中国传统祭祀是感恩和纪念（参见前
述坛庙建筑）；一般老百姓的烧香磕头只是迷信，都不是宗教。要注意区分宗
教与迷信，宗教与中国传统的祭祀之间的关系。

　　从建筑上来说，佛教的建筑叫"寺"、"院"、"庵"；道教的建筑叫"宫"、
"观"；中国传统的祭祀建筑有"坛"、"庙"或"祠"。三种建筑在性质上是不
同的，不能混淆。

　　佛教和道教虽然在教义和思想文化背景上各不相同，但有一点是相通的，
即强调静心修炼。所谓"静修"就是要脱离尘世，躲到清静之处去修养心性。
所以不论佛教道教，都选择在深山老林中修建寺院宫观，有一句俗语"名山大
川僧多占"就是这样来的。于是在全国各地形成了很多佛教名山和道教名山，
例如佛教有山西五台山、浙江普陀山、四川峨眉山、安徽九华山；道教名山有
湖北武当山、四川青城山、江西龙虎山、安徽齐云山等。

山西浑源悬空寺

佛教的主旨是清心寡欲，六根清净，去除烦恼，因此要躲到深山中去修炼，所谓"名山大川僧多占"就是这样来的。山西浑源的悬空寺是这种观念最典型地体现，开凿在悬崖峭壁上，远离人间烟火。

（左上） 南禅寺大殿

位于山西省五台县李家庄的南禅寺大殿
是国内现存最古老的木构建筑。大殿建
于唐建中三年（782），虽然后代有多次
修葺，但建筑构件和做法都保留了唐朝
的原物。建筑规模不大，屋顶平缓，屋
檐出挑深远，体现了唐代建筑的特点。

（左下左） 佛光寺大殿

山西五台山中的佛光寺大殿建于唐大中
十一年（公元857年），也是国内现存最
早的木构建筑之一，是现存唐代建筑中
规模最大的。单檐庑殿顶，七开间。当
年梁思成和林徽因先生发现了它，欣喜
若狂，因为之前日本人说中国已经没有
了唐朝建筑，要看唐朝建筑必须去日本。

（左下右） 佛光寺大殿近景

佛光寺大殿最典型地体现了唐代建筑的
特点，柱梁粗壮，斗拱硕大，屋顶坡度
平缓，檐口出挑深远。

（右上） 太原晋祠圣母殿

山西是中国保存古建筑最多的省份，保
存下来最古老的建筑也大多在山西。太
原的晋祠圣母殿为宋代建筑，是国内保
存下来的宋代建筑中最美的一座。重檐
歇山顶，七开间，前檐木柱上有木雕蟠
龙缠绕，这种做法国内罕见。

（右下） 晋祠圣母殿中的泥塑

晋祠圣母殿中有一组宋代泥塑像，塑造了圣
母身边各种等级的侍女形象，神态生动，栩
栩如生，从人物面相可以看出其性格特征。
是中国古代人物雕像的精品，极其宝贵。

（左） 河北正定隆兴寺摩尼殿

建于北宋开宝年间，此建筑最大的特点是四面出
抱厦，所谓"抱厦"，即主体建筑一面墙上向外
突出一座小建筑。隆兴寺摩尼殿四面出抱厦这种
做法国内罕见。

（右上） 河北正定隆兴寺转轮藏阁

隆兴寺的转轮藏阁与摩尼殿几乎建于同时，此建
筑外观造型和内部结构均比较特殊，主要是因为
内部有一座巨大的转轮藏，为了它而采用了一些
比较特殊的做法。

（右下） 河北正定隆兴寺转轮藏阁内部

转轮藏阁内部有一个巨大的转轮藏，这是一个用
于收藏经书的可以转动的巨大书架。这是国内现
存最大的一个转轮藏。

（上） 蓟县独乐寺观音阁

蓟县独乐寺建于辽代（相当于北宋），宋代时楼阁建筑有较大发展，
独乐寺观音阁是这时期楼阁建筑的典型代表。其最大特点是"腰檐平
座"，所谓腰檐平座即上层楼面向外挑出的平台，四周围以栏杆，形
成一个环绕四周的挑阳台。这是宋代楼阁建筑的特色之一。

（下） 宁波保国寺大殿

宁波保国寺大殿建于北宋祥符六年（1013年），至今已经超过千年，
是长江以南保存最完好的北宋木构建筑。因为南方潮湿炎热的气候不
利于木构建筑保存，能够保存千年，所以极其珍贵。

（上）　蓟县独乐寺观音
阁内

独乐寺观音阁内有一个两
层通高的中央空间，中间
站立一尊两层楼高的观音
像，从一层一直伸向二
层，观音像的头部正好面
向二层前面的大门，透过
大门直视远方。

（下左）　宁波保国寺大
殿柱子

保国寺大殿的柱子做法
也比较特殊，不是圆
形，也不是方形，而是
做成瓜瓣形。

（下右）　宁波保国寺大
殿藻井斗拱

报国寺大殿木结构精巧别
致，且保存了宋代建筑结
构的一些特殊做法。尤其
大厅前檐内并列的三个藻
井，用异形斗拱制作而
成，在国内现存古建筑中
极其罕见。

长沙麓山寺

长沙麓山寺是湖南省内第一座佛教寺庙，建于西晋泰始四年（公元268
年），说明佛教转入中国不久就传到了内地的湖南，也是佛教传播的见
证。可惜历代被战火破坏，现仅存山门和最后的观音阁为清代建筑。图
中山门是湖南佛教寺院建筑的典型。

北京妙应寺

位于北京阜成门内大街的妙应寺是一座藏传佛教寺院，始建于元朝，寺内现存的白塔是中国现存年代最早、规模最大的喇嘛塔。其他的主要建筑为明代重建的，因为当时为皇家赐建，所以采用了最高等级的庑殿顶。

（左上）　南京鸡鸣寺

鸡鸣寺是南京城内最著名的寺庙之一，也是最古老的寺庙，建于西晋时期，有"南朝四百八十寺"之首的美誉。建筑群依山就势建于鸡笼山上，宝塔高耸，气势雄伟，城墙外都能看到。

（左中）　南京鸡鸣寺鸟瞰

鸡鸣寺虽然建在山麓上，但主体建筑群依然布局严谨，中轴对称，塔处在中轴线的后端，虽经历代屡次毁坏重建，仍保留了古代寺院的布局方式。

（左下）　泉州开元寺

福建泉州是中国古代沿海最早对外开放的地方，所以外来文化与本土文化的交流融合成为这里重要特点。泉州开元寺虽然是佛教寺院，但在建筑上融合了多种文化的艺术特征。主体建筑造型是典型的闽南式风格，有"生起"（两端起翘）的燕尾脊，屋顶覆红瓦。

（右上）　泉州开元寺屋架装饰

开元寺内部木构屋架上装饰着很多带有翅膀的飞天小神像，中国佛教壁画中（例如敦煌）的"飞天"也是不带翅膀的。这种带翅膀的形象有点像西方宗教里的小天使，显然是受到外来文化的影响。

（右下）　泉州开元寺石柱

开元寺大殿后面檐廊柱子做成这样，有印度或东南亚建筑的艺术特征，显然不是中国的。

承德避暑山庄外八庙（李旭摄）
清朝统治者为笼络周边少数民族上层首领，在自己的夏宫承德避暑山庄周边建了八座寺庙，称为"外八庙"，用于接待。因周边少数民族信奉的是藏传佛教，于是这外八庙便大多建成藏传佛教建筑式样。此图为外八庙中的普陀宗乘之庙，有"小布达拉宫"之称。

（上）青海塔尔寺大门

这是一座藏传佛教寺院，由于地处汉藏文化交融地带，其建筑形式以藏式为主，部分带有汉式建筑的特征。图为塔尔寺的大门，汉藏两种建筑风格的混合。

（下）青海塔尔寺白塔群

藏传佛教最具特征的就是它特有的佛塔造型，塔尔寺又尤其以塔的数量多而著称。

佛教来自印度，但是印度的建筑显然不符合中国人的传统精神和审美趣味，所以佛教建筑中最主要的寺庙殿堂，并没有特殊的造型和风格，和一般宫殿衙署类建筑没有什么区别，只是功能性质上不同，艺术装饰上有差别。同样，道教宫观在建筑上也没有什么特别之处，和宫殿建筑、佛教寺院差不多。唯独具有特殊性的是佛教有塔和石窟。

中国现存最早的宗教建筑是河南登封的嵩岳寺塔，木结构殿堂建筑现存最早的也是宗教建筑——山西五台的南禅寺大殿，始建于唐代。另外山西五台的佛光寺大殿，也是建于唐代。这两座建筑从造型风格到内部结构都保留着典型的唐代建筑风格，是目前国内最宝贵的两座殿堂。唐代建筑的造型风格是宏伟舒展，大气磅礴。屋顶坡度比较平缓；檐下斗栱硕大，出檐深远。柱子粗壮，气势宏大。

山西五台的南禅寺大殿和佛光寺大殿内都还保存着唐代的泥塑佛像，雍容华贵，虽经历代修缮，但仍不失唐代艺术的风范。

中国唐代佛教建筑对日本影响很大，日本在隋唐时期大规模学习中国，佛教建筑领域也不例外。今天日本仍大量保存着唐朝时期的佛教建筑，有的保存下来的比中国保存的年代还要早。例如法隆寺金堂就号称是目前全世界保存下来最早的木构建筑，相当于唐代，但比中国的南禅寺大殿还要早一点。

道教建筑最著名的有山西芮城的永乐宫、武当山建筑群等。山西芮城的永乐宫原在永济县，20世纪50年代修建黄河三门峡水库，这一地区将要被淹没。为了保存这一难得的国宝，将其迁移到芮城县现在的位置。永乐宫三清殿是其中最著名的代表。此建筑建于元代，单檐庑殿顶，黄色琉璃瓦，屋脊两端的鸱吻极其华丽，是国内现存元代建筑中最宝贵的范例。

(左) 日本法隆寺主体建筑平面

佛教建筑在中国的发展有一个过程，最初的寺庙是以塔为中心。后来塔的重要性减弱，殿堂的重要性提高，塔殿并重。再后来塔的重要性进一步降低，塔就移到外面去了，甚至没有了。日本的佛教寺庙是受中国影响的，法隆寺的平面正好保存了发展过程中塔殿并重的中间阶段，十分珍贵。

(右) 永乐宫三清殿（李雨薇摄）

道教是中国本土宗教，在国内现存的道教建筑中最宝贵的应该就要数山西芮城的永乐宫了。其建筑建于元代，原来在山西永济县，因修三门峡水库的原因，整体搬迁至芮城县。国内现存元代建筑不多，永乐宫是元代建筑的典型代表。

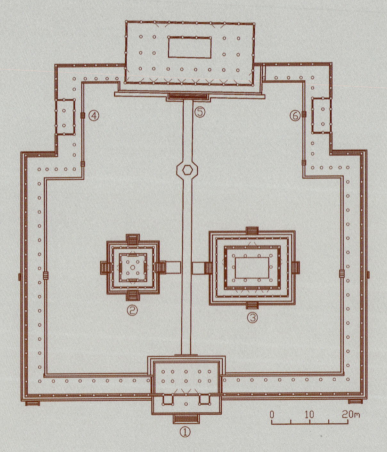

① 中门
② 五重塔
③ 金堂
④ 圣藏
⑤ 大讲堂
⑥ 钟楼

0　　10　　20m

　　永乐宫三清殿不仅建筑宝贵，殿内墙上保存着一幅元代的壁画也是中国美术史上的瑰宝。画面高4.26米，全长94.68米，共计403.34平方米，占满大殿内三面墙壁。壁画中画着道教三百天神朝拜元始天尊的场景，天神形象各异，个个生动传神。高达几米的人物衣冠长袍，飘逸灵动，线条流畅，一气呵成，艺术手法极其高超。

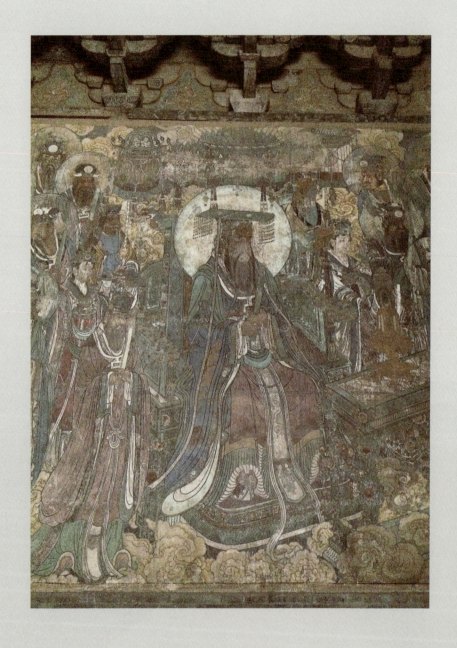

（左） 永乐宫三清殿壁画
（李雨薇摄）

永乐宫不仅仅建筑宝贵，其中
还保存着一组极其宝贵的壁
画。四座殿堂中共保存着千余
平方米的元代壁画，尤以三清
殿为最。三清殿内壁三面布满
壁画，画着一幅完整的《朝元
图》，300余尊道教神仙朝贡元
始天尊，场面宏大，人物形象
丰满，个性鲜明，栩栩如生，
线条流畅，是中国美术史乃至
世界美术史上的瑰宝。

（右上） 山东泰山道教建筑群

山东泰山是历代帝王祭祀东岳
大帝的地方，也是道教重要场
所，是道教三十六洞天之一。
泰山上下的道教建筑很多，其
中最重要的有碧霞祠等。碧霞
祠供奉的碧霞元君，被人们称
为泰山奶奶，是信众们到泰山
必拜的道教神仙。

（右下） 北京白云观（杜一鸣摄）

北京白云观始建于唐代，后经
历代修建，现存为清代所建。
建筑布局为三路，主体建筑有
山门、灵官殿、玉皇殿、老律
堂、丘祖殿、三清阁等。目前
白云观是中国道教协会会址，
全国重点文物保护单位。

武当山紫霄殿（张维欣摄）

也是武当山道教建筑群中著名的一座，建筑沿山势地形布局，层层而上，气势宏伟，又能和周围环境融为一体。

武当山三清殿（张维欣摄）
佛教有自己的名山，道教也有自己的名山，武当山就是道教最重要的名
山之一。山中有多处道教宫观，三清殿便是其中一处。

（上）　苏州玄妙观（张振光摄）

苏州玄妙观历史悠久，规模宏大，曾经是江南历史上规模最大的道观，有"江南第一古观"之称。主殿三清殿九开间，重檐歇山顶，具有皇家建筑的气派。屋脊翘角等细部做法具有典型的江南建筑的风格特征。

（下）　四川青城山山门

四川青城山在成都市都江堰市西南，是中国道教的发祥地之一，全真道的圣地。东汉汉安二年张陵在青城山结茅传道，创立了中国的本土宗教——道教，因而青城山成为了中国四大道教名山之首。山中散布道教宫观多处，上清宫、建福宫、祖师殿、老君阁、朝阳洞、圆明宫等。此图为青城山山门，建筑具有典型的四川地域风格。

成都青羊宫斗姥殿

青羊宫在成都市内，历史悠久，被誉为"川西第一道观"、"西南第一丛林"，也是全国著名的道教宫观之一。青羊宫主要建筑有山门、三清殿、唐王殿、斗姥殿、混元殿、八卦亭等。斗姥殿建于明代，是青羊宫中现存较早的建筑，造型古朴庄重，装饰并不华丽，但气象庄严。

湖南永顺老司城祖师殿

湖南永顺老司城是古代土家族的都城，后来废弃，变成了遗址，唯独这一组离开都城一公里的祖师殿建筑群得以保存下来。因为明代土司王的军队奉召前往东南沿海扫灭倭寇有功，受到朝廷赐封，从北京派来工匠为其建造宫殿庙宇，因此这座祖师殿的主殿明显带有北方建筑风格。

塔

　　塔是宗教建筑中一个特殊的种类。中国古代本来是没有塔的，佛教传入，带来了塔这种特殊的建筑。塔的最初起源是印度佛教僧侣的坟墓，一个砖石砌筑的覆钵形坟包，上面竖着相轮，叫作"Stupa"，中国人译作"窣堵坡"。传入中国后，中国人把它做了改造，建成一个中国多层楼阁的形式，把原来印度的"Stupa"缩小放在顶上，变成了今天我们看到的塔顶上的塔刹。

　　塔传到中国最初是用来存放"舍利"的，叫"舍利塔"，今天在全国各地还能看到大小不等，造型各异的舍利塔。"舍利"是佛教僧侣圆寂火化后产生的一种结晶体颗粒，称为"舍利子"，据说要学养高深，德高望重的高僧才能有舍利。历史上最著名的当然是佛祖释迦牟尼的舍利了。史称早年印度阿育王到中国，送给中国皇帝隋文帝一包佛祖释迦牟尼的舍利子，隋文帝把它分成五十多份分送给各地州府，分别建造舍利塔收藏。相传长沙岳麓山的舍利塔就是当时分藏佛舍利的五十多座塔之一，只是原塔已经被毁，现存的是民国时期重建的。

　　塔的造型在各时期不断发展演变，到明清时期已经形成了五种类型。

　　1. 楼阁式塔

　　基本上是中国多层楼阁的形式，只是塔顶有塔刹。唐代的塔主要是方形平面，唐以后多为六边形，八边形。早期的塔木结构居多，后来多为砖、石，但做成仿木形式。楼阁式塔较大的多为空心，能登临远眺。楼阁式塔著名的实例有山西应县佛宫寺释迦塔（老百姓称"应县木塔"），西安大雁塔、苏州虎丘云岩寺塔、泉州开元寺镇国塔、仁寿塔等。

（上左） 长沙岳麓山舍利塔

塔的最初起源是印度佛教僧侣的坟墓，传到中国来以后开始时多用它来收
藏舍利（佛教高僧圆寂后火化留下的结晶体），所以叫舍利塔。相传隋文
帝得到印度王赠送的一包佛祖舍利，分送全国五十个州收藏，长沙也得到
一份，在岳麓山建塔收藏。此塔在战火中被毁，民国时期僧众集资重建。

（上右） 登封嵩岳寺塔（张振光摄）

河南嵩山脚下登封县的嵩岳寺塔建于北魏时期，是目前国内保存下来年
代最早的塔。密檐式塔的典型。而且此塔的平面为十二边形，近似于圆
形，这种造型也是国内罕见。

（上左）应县木塔

山西应县佛宫寺的释迦塔，木结构楼阁式塔，被人们称为应县木塔。建于辽清宁二年（公元1056年），塔高67.31米，纯木榫卯结构，屹立至今将近千年，可谓世界古代建筑的奇迹。

（上右）泉州开元寺仁寿塔

福建泉州开元寺有两座石塔，仁寿塔和镇国塔，始建于唐代，现存塔为宋代重建。现存仁寿塔重建于南宋绍定元年（1228年），塔高44.06米，全石构筑，外表用石构件仿木构梁柱斗栱，制作精美，是国内古塔中的精品。

2. 密檐式塔

多为砖石砌筑的实心塔，不能登临。塔身多有雕刻装饰，有的做假门。层层密檐叠涩出挑，檐下做小佛龛，内有菩萨像，外轮廓有直线形和曲线形。著名的实例有河南登封嵩岳寺塔（国内现存最早的塔）、云南大理崇圣寺三塔等。密檐式塔一般多为纪念佛教僧侣的墓塔，在大规模的寺庙附近常有塔林，即为寺院僧人的墓地。

3. 单层塔

顾名思义，单层塔就是只有一层屋檐。一般为砖石砌筑的实心塔，平面有方形、六角、八角。外表装饰有神龛和各种图案，少数规模较大的有门，可以进入。著名实例有山东济南神通寺四门塔等。单层塔也多为僧人墓塔。

（右上左） 西安大雁塔（杜一鸣摄）

位于西安慈恩寺内的大雁塔，建于唐代，原物保存至今。楼格式塔的典型，砖石结构，外表用砖石做出木结构梁柱的形状。另外，唐代塔的特点是多为正方形平面，其他朝代较少有。

（右上右） 大理崇圣寺塔

云南大理崇圣寺曾经是一座宏大的寺庙，可惜后来全部毁掉了（现在的崇圣寺是刚刚重建不久的）只剩下了这三座塔是古代的原物。尤其是中间这座密檐塔，建于唐代，具有唐代佛塔的典型特征，正方形平面。塔的前面原来有一片较大的湖面，三座塔的倒影映在湖面，景色奇美。

（右下） 济南历城神通寺四门塔（张振光摄）

山东省历城县的神通寺四门塔是一座单层塔的典型，建于隋大业七年（公元611年），是现存最古老的单层塔之一，也是规模最大的单层塔之一。单层塔一般都是砖石砌筑的实心塔，此塔规模较大，像一座房子，但实际上内部空间极小，上部并不是屋顶，而是全实心的。

4．喇嘛塔

喇嘛塔是藏传佛教建筑，因藏传佛教又称喇嘛教，所以叫喇嘛塔。藏传佛教元代开始进入中国，主要在北方地区传播，较少来到南方。喇嘛塔塔身做成宝瓶形，下部有须弥座，塔身一般涂成白色，所以俗称"白塔"。著名的实例有北京妙应寺白塔、北海白塔等。

5．金刚宝座塔

金刚宝座塔本是印度佛塔的一种形式，在藏传佛教中较多使用。下为方形塔座，即"金刚宝座"，上竖五座小尖塔，中间一座较大，四角上的较小。塔座正面有大拱门，四周墙上做多层排列的小佛龛。典型实例有北京正觉寺金刚宝座塔等。较为特别的是湖北襄阳广德寺多宝塔，其下部的金刚宝座不是方形，而是六方形。宝座顶上的五座小塔也造型各异，中央为一座喇嘛塔，四座小塔则为六角形密檐塔。

（右上）　北京北海白塔

这种塔是藏传佛教塔的一种式样，因藏传佛教又叫"喇嘛教"，因而这种塔就叫"喇嘛塔"。它呈宝瓶状，顶部有华盖，下面是须弥座。因为它的外表常涂成白色，所以被人们俗称为"白塔"。

（右下左）　北京正觉寺金刚宝座塔（杜一鸣摄）

"金刚宝座塔"也是一种藏传佛教塔，其式样与所有塔都不同。下面是一个方形的台座，叫"金刚宝座"，宝座四周墙面上装饰着很多小佛龛。上面矗立着五座小塔，中央一座较大，四个角上的塔较小。

（右下右）　襄阳广德寺多宝塔

这是一座造型奇特的金刚宝座塔，下部是六方形宝座。上面的五座塔也很特别，中央一座是喇嘛塔，周围四座是密檐塔。这种造型的金刚宝座塔，目前国内极其罕见。

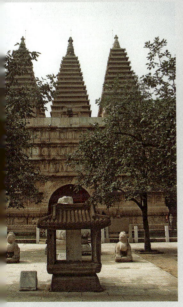

　　塔本来是佛教特有的建筑，但是传入中国后与中国传统文化相结合产生了一些变化，出现了一种特殊性质的塔——风水塔。风水塔和佛教完全不相干，其功能主要有两类，一类是"文塔"，像文笔，希望出人才；一类是"镇妖塔"，多建于水边。古人认为发洪水是水妖作怪，建塔以镇压水妖。

（左上）　汝城文塔

塔本来是佛教建筑，传到中国后与中国传统文化结合产生了中国特有的类型——风水塔。风水塔中有一类"文塔"，中国人认为某地风水好就会出人才，而出人才就要读书，"学而优则仕"。因为塔的形状像一支笔，人们叫它"文笔塔"，有的地方叫"文峰塔"，有的叫"文星塔"、"培文塔"等等，有的就简称或统称"文塔"，总之都是培养文风出人才的意思。此图为湖南省汝城县城中的文塔。

（左下）　塔林（郭宁摄）

塔的作用有很多情况下是作为僧人的坟墓，即所谓"墓塔"。我们常在寺庙附近看到一片大小不同的塔，叫做"塔林"，这就是寺庙的墓地。墓塔多为密檐塔和单层塔，一般来说墓塔的高低大小代表了僧人的等级高低。

（右）　永州迴龙塔

中国的风水塔中还有一类镇妖塔，镇压妖孽。古人相信河流涨洪水是水中妖孽在作怪，塔有镇妖的作用，所谓"宝塔镇河妖"。我们常在一些河流边看到孤零零一座塔（与寺庙无关），那就是这一类镇妖塔。此图中的湖南永州潇水边的迴龙塔就是一座镇妖塔，此塔造型奇特美丽，建于明代。

望城惜字塔

中国古代的塔还有一类特殊的叫"惜字塔"。中国古人尊重文化，凡写过字的纸废弃了都不能随便乱扔，要集中起来烧掉，所以很多地方都有"惜字炉"或"惜字塔"。湖南望城县茶亭镇的这座惜字塔，因为特殊的原因塔顶上长出一棵参天大树，已有百年树龄，成为世所罕见的树塔奇观。

石窟

　　石窟也是佛教特有的一种特殊的建筑，最初起源于印度佛教的"支提"。所谓"支提"是在山边崖壁上开凿出一个个小型洞窟，供佛教僧侣们面壁修行，一个洞窟里只容纳一个僧人，闭门苦修。这种支提随着佛教传入中国演变成了石窟寺，即用石窟来供奉佛像。

　　中国开凿石窟的盛期从北魏开始，到唐代达到鼎盛。最著名的石窟有甘肃的敦煌石窟、麦积山石窟、山西云冈石窟、河南龙门石窟、新疆的克孜尔千佛洞、四川大足石窟等。

　　石窟往往是成群出现，选择在石质比较好的地带，在崖壁上开凿出少数巨型洞窟和大量小型洞窟。洞窟中凿出大体量的佛像或者小型壁龛里凿出小佛像。大型洞窟中除了供佛像外，还常绘制壁画，制作雕塑，成为佛教艺术的集中之地。最著名的当属甘肃敦煌石窟。敦煌石窟以精美的壁画和塑像闻名于世。它始建于南北朝时期，经隋、唐、五代、西夏、元等历代的兴建，形成巨大的规模，现有洞窟735个、壁画4.5万平方米、泥质彩塑2415尊，是世界上现存规模最大、内容最丰富的佛教艺术圣地。近代发现的藏经洞内的大量古代佛教经卷和文物衍生出一门专门研究敦煌艺术的学科——敦煌学。

　　石窟作为一种建筑，还有一个特点就是在崖壁石窟的外面再建建筑，这就是所谓"石窟寺"。往往是在石窟外面立柱支撑建筑构架的一端，另一端则插入石窟内崖壁上凿的洞内。

甘肃敦煌石窟

石窟也是佛教的一种特殊建筑，用来供人打禅面壁和供奉佛
像。石窟一般开凿在比较陡峭的山崖上，成片地开凿。此图为
著名的甘肃敦煌石窟，自魏晋至元代的千余年间陆续修造，
700多个洞窟，分布在长达1680米的断崖上。

敦煌石窟中心

敦煌石窟是一个石窟群，其中最重要，最著名的是莫高窟。此图为莫高窟的核心第96窟，是莫高窟最大的一座洞窟，内有弥勒佛坐像，高35.6米。外面附岩而建的九层楼阁成为莫高窟的标志性建筑。

（左） 云冈石窟

山西大同的云冈石窟是中国古代四大石窟之一，开凿于魏晋至明清时代，历史悠久，规模宏大。分布在1公里长的山崖上，现存有大小窟龛250多个，石雕造像51000余尊。

（右上） 云冈石窟昙曜五窟造像

云冈石窟中昙曜五窟中的石像是最大的一尊，造像风格古朴粗犷。石窟造像不同于庙宇中的神像，庙宇中的神像是建筑建成了再在里面做塑像，而石窟造像则是要在开凿石窟的同时预留雕凿而成，所以难度很大。

（右下） 龙门石窟卢舍那像

河南洛阳的龙门石窟也是四大石窟之一。此图为龙门石窟的中心卢舍那像，卢舍那佛是释迦牟尼的报身佛，据佛经说，卢舍那意即光明遍照。这是一尊端庄美丽的女性形象，开凿于唐高宗年代，皇后武则天曾经为此捐献两万贯钱。体现了唐代造像雍容华贵的特色。

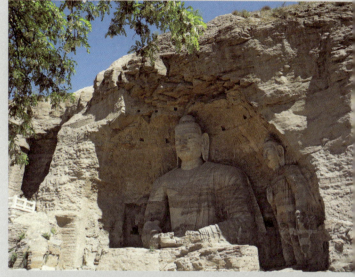

（左）　石窟洞内石柱

石窟是在整座石头山中开凿而成，与一般建造建筑完全不同，像
石柱这样的建筑构件都是在开凿的时候雕凿出来的。

（右）　石窟寺建筑外观

大型石窟的外面过去都是有建筑的，即在洞窟的外面立柱子，搭
梁架，撑起一个半边的屋面，外观就像一座寺庙，所以叫"石窟
寺"。此图为云冈石窟部分修复的石窟寺。

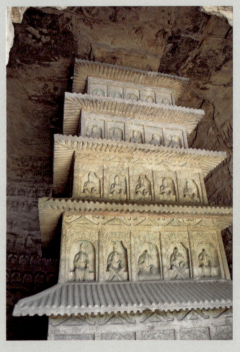

（六）园林艺术

　　园林艺术表达的是人与自然的关系，体现了人对自然美的欣赏与追求。中国古人很早以前就开始了对自然美的追求，赏风景，赞美风景，不仅成为一种高尚的文化活动，而且人们借此来表达自己的思想情操和个人感情。所以中国古代风景文化和文学艺术有着紧密的关系，古代著名的"三大名楼"、"四大名亭"都和著名的文学作品直接相关。文因景而生，景因文而名。

　　在风景文化的基础上产生了园林艺术。同样是表现人与自然的关系，但中国园林和西方园林又大不相同，中国园林以不规则的、自由的布局，模仿自然山水，表达自然之美；西方园林规整的布局，笔直的道路、水池喷泉、修剪整齐的草坪，改造自然，表达人工之美。这种园林艺术的差异实际上表达的是中国和西方古代不同的哲学思想。

　　中国古典园林大体上可分为两大类：皇家园林和私家园林。

　　皇家园林的特点是占地大，大山大水，视野开阔；园中开辟大片湖面，象征东海，湖中做岛，象征东海神山；建筑宏伟、色彩华丽、装饰金碧辉煌，体现皇家气派。

岳阳楼

中国古代重视风景文化，常在风景优美之处建造亭台楼阁，文人墨客
们则吟诗作赋，咏叹歌颂，风景园林与文学艺术有着密不可分的关
系。著名的"三大名楼"、"四大名亭"就是这种文化的产物。湖南的
岳阳楼就是三大名楼之一，它建在洞庭湖边的高台上，气势恢宏，与
洞庭湖壮阔的景色融为一体，无怪乎被历代文人咏叹无数。

（左上）　岳阳楼上望洞庭湖

咏叹岳阳楼首屈一指者当然是范仲淹的《岳阳楼记》，但是真要体会到其中的意境只有亲自登上岳阳楼，眺望着烟波浩渺的洞庭湖，看着它不同季节的万千气候，才能真正体会到《岳阳楼记》中所写的那种情和景的相互交融。

（左中）　杭州西湖（杨琪摄）

今天的杭州西湖已经是世界著名的旅游景点，其实古代这里就以其风景之美而成为人们游览的去出，多少文人墨客在这里留下了传诵千古的文学作品。

（左下）　长沙爱晚亭

中国著名的"四大名亭"之一，建于清朝乾隆年间，以唐代诗人杜牧的"停车坐爱枫林晚，霜叶红于二月花"的意境而定名。岳麓山漫山遍野的枫树，深秋时节一片火红，建筑和环境完美地体现了诗的意境。

北京皇家园林北海、中海、南海

中国古代的皇宫也多是和园林连在一起的，从史书中记载的皇宫一直到我们今天还能看到的北京故宫都是如此。北京故宫西边的北海、中海、南海就是过去的皇家园林。除此之外还有颐和园、圆明园、承德避暑山庄。

（左上）　意大利伊索拉·贝拉庄园

与中国园林相反，西方园林则要表现人工之美，表达的是人类认识自然、改造自然的哲学思想。图中的意大利伊索拉·贝拉庄园是西方园林艺术的典型，从平面布局到所有的细部都体现出人工之美，连植物都修剪成几何形状。

（左下）　南京瞻园

中国园林的基本思想和造园手法是模仿自然，其思想来源是中国古代哲学中的"天人合一"，人与自然的和谐统一。中国古代最著名的园林学专著《园冶》中说："虽由人作，宛自天开"。园林中所有山石水流实际上都是人工做出来的，但是就要像是天然形成的一样。

（右）　北京颐和园

中国古代的皇家园林有一个固定的造园手法——东海神山的象征。在中国古代神话中东海中有神山，神山上住着神仙，长着长生不老的仙药。皇帝们都信神仙方术，向往东海神山。于是在园林中开辟大片湖面象征东海，湖中做岛象征东海神山。北京颐和园的核心是万寿山，表达的仍然是长生不老的向往。

皇家园林占地大本身也是权力地位的象征，"普天之下莫非王土，率土之滨莫非王臣"，今天我们能够看到的皇家园林——北京颐和园、北海、中南海、承德避暑山庄，都是以大而著称。早期的帝王园林叫"囿"，后来叫"苑囿"。这种"囿"或"苑囿"，除了我们今天一般园林的游览观赏的功能以外，还有一个重要的功用就是种植蔬菜瓜果农作物放养动物和狩猎，甚至这些实用功能都超过了游览观赏的功能。后来就演变成以游览观赏的功能为主了。

皇家园林都要做很大的湖面，往往都是人工开凿的，同时借挖湖的土石堆砌成湖中的岛屿和山，这种造园手法来自于神仙方术的信仰。在中国古代神话中东海中有神山，一种说法是四座：蓬莱、方丈、瀛洲、壶梁；一种说法是三座：蓬莱、瀛洲、方壶（把方丈和壶梁合二为一）。不论是三座还是四座，总之它们都是仙山琼岛，岛上住着神仙，长着长生不老的仙药。中国历朝历代的皇帝都信奉这种关于长生不老的仙术，一心向往着仙山琼岛上的神仙生活。最著名的当属秦始皇派方士徐福带领三千童

男童女去东海神山寻找仙药的故事，徐福一去不返，相传是到了今大的日本。日本今天仍有很多地方流传着关于徐福登陆日本，带去了先进的文化和生产技术的相关传说。秦始皇以后，几乎每个朝代都有皇帝炼丹求仙的故事，笃信黄老之术，向往长生不老成了古代帝王们共同的追求。

　　因为皇帝们向往长生不老的仙山琼岛而望不可及，因此就在皇家园林中做出大片的湖面以象征东海，湖中做岛屿，象征东海中的神山。这种造园手法就成了历朝历代皇家园林的固定手法和共同特点，从史书中记载的秦汉皇家苑囿，直到今天我们能看到的清朝皇家园林都是如此。不仅造园手法，甚至连名称都是来自于东海神山或者与此相关的含义。汉代建章宫中开辟了"太液池"，池中做了三个岛，分别叫蓬莱、方丈、瀛洲；隋代洛阳西苑中开辟"北海"，周环四十里，中有三山：蓬莱、瀛洲、方丈；唐代大明宫中有"太液池"，又名"蓬莱池"，池中有"蓬莱山"，池旁有"蓬莱殿"；北宋著名的皇家园林艮岳，本来就是由"万岁山"、"寿山"改名而来，园中又有蓬壶堂。元代定都北京，名叫"大都"，在皇宫西边建造"大内御苑"，位置就是今

北京北海琼华岛
皇家园林北京北海也是东海神山的表现手法，湖中的岛叫"琼华岛"。汉语中一般凡"琼"字都和神仙有关，神仙住的地方叫"仙山琼阁"、"琼楼玉宇"，神仙喝的酒叫"琼浆玉液"，北海中的"琼华岛"当然就是神仙岛了。

天的北海和中南海，只是当时的规模比较小，只有北海和中海，南海尚未开凿。大内御苑中的核心是"太液池"，池中从北到南排列三座岛屿，北边的叫"万岁山"，即今天北海中的"琼华岛"，南边的岛叫"瀛洲"，即今天中南海中的"瀛台"，延续着秦汉以来"一池三山"的固有做法。明清北京的皇家园林仍然还是延续着这种观念，只是在名称上稍有变化，不一定直接使用东海神山的名称，更注重象征意义。颐和园的昆明湖中做有三个小岛，象征蓬莱三山，颐和园的中心的大山叫"万寿山"（也是追求长生不老的意思）；北海中的岛屿叫"琼华岛"，所谓"琼华岛"，就是神仙居住的地方。在中国古代语言中，凡带有"琼"字的就与神仙有关，神仙住的地方叫"仙山琼阁"、"琼楼玉宇"，神仙喝的酒叫"琼浆玉液"，所谓"琼华岛"就是也就是神仙居住的岛。琼华岛上还有"仙人承露"的石雕，一个仙人双手托盘，高举过头，承接天上的露水，用来炼仙丹，炼丹服药是道教神仙方术中追求长生不老的主要手段。总之，在数千年的历史上，中国皇家园林的基本造园手法就是对于长生不老的神仙境界的追求。

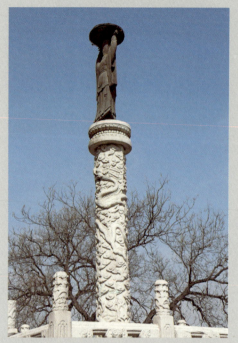

（上）　北海琼华岛仙人承露

北京北海的琼华岛上有一座"仙人承露"的雕塑，在琼华岛上的北面山坡上。一根石雕龙柱顶上站立着一个铜质的仙人，受托"承露盘"高举过头顶，承接天上的露水。相传神仙炼仙丹时不能用地上一般的水，必须要用天上的露水。仙丹也就是长生不老的仙药。

（下）　圆明园四十景图之"蓬岛瑶台"

圆明园曾经是一座集中外建筑艺术精华的"万园之园"，可惜被毁，现在人们可以看到的只是废墟。但是在保存下来的古代绘制的《圆明园四十景图》中我们还能看到圆明园当年的辉煌，同时也能看到它的文化艺术倾向。四十景图画的都是当时圆明园中的建筑实景，其中有多幅与仙岛神山相关的图画，这幅"蓬岛瑶台"就是其中之一。"蓬莱"就是神话中的东海神山之一。

与皇家园林相比，私家园林的特点是占地小，小桥流水，树木荫蔽，曲径通幽，假山怪石点缀其间；建筑朴素，色调淡雅，无过多装饰，体现文人气质。

中国古代的私家园林大多数是士大夫阶层所建造的，这些人有着较高的文化修养，又比较有钱，因为中国古代的官僚制度是"学而优则仕"，读书做官。这些人我们今天叫他们"文人"，他们建造的园林我们称之为"文人园林"。在中国历史上文人园林的兴起和发展有三个重要的阶段，一是魏晋南北朝时期，文人园林开始兴起，成为中国文化艺术中一个重要的类型；第二个阶段是宋朝，文学艺术的发展促使园林艺术发展，造园艺术达到高峰；第三个阶段是明清时期，社会经济以及文化的发展，使园林艺术再一次形成高峰，留下了以苏州园林为代表的一大批传世杰作，成为中国文化艺术的经典。

魏晋南北朝时期是中国历史上一个特殊的时期。氏族集团之间互相争夺，互相倾轧，导致政权频繁更替，人们难以把握社会的状况和自身的命运。与此同时，北方少数民族大举进入中原，尤其以匈奴、鲜卑、羯、氐、羌等五个民族进入中原地区，与汉族争夺生存空间，这就是历史上所说的"五胡乱华"。在民族大冲突，大争夺的同时，也出现了民族文化的大融合。这一时期的社会状况总的来说就是战乱频繁、政治黑暗、社会动荡、民不聊生。文人知识分子只有逃避，逃离现实，逃离这个肮脏的尘世。最好的去处就是自然界，山林溪流之间，那是一方远离红尘的净土。逃离现实追求自然为共同的思想倾向，并由此而形成为当时的风尚，陶渊明的《桃花源记》和"竹林七贤"的名士风流就是这一时期的典型代表。逃离社会，追求自然最容易的就是在自己的宅第旁边做园林，小桥流水，假山怪石，林壑幽深，进到里面就像是与世隔

绝，远离了喧嚣，这就是文人园林的旨趣。确实，当我们在苏州拙政园中，在上海豫园中，我们能够体会到古人那种闹中取静，远离尘世的追求。

（左）皇家园林建筑金碧辉煌

中国古代园林有两种类型：皇家园林和私家园林。皇家园林除了在山水布局上追求东海神山的神仙意境之外，其建筑也是宏伟华丽，金碧辉煌，要体现皇家的气派。此图为北京颐和园万寿山上的佛香阁及下面的排云殿，中轴对称，气势宏伟。

（右上）自由式布局（北京颐和园中的谐趣园）

皇家园林虽然要体现宏伟气派，但园林毕竟不是皇宫，还是要有休闲自由的氛围，所以除了中心部位以外，其他部位还是非对称的自由式布局。此图为北京颐和园中的谐趣园，所谓"园中之园"。

（右下）文人园林清幽的意境（苏州拙政园 杨琪摄）

私家园林与皇家园林追求东海神山长生不老的神仙意境不同，私家园林的园主一般都是文人，文人们追求的是静心读书，修养心性的安宁。他们也不可能占有大片土地来大造山水，只能在有限的土地上营造一种小桥流水的清幽意境。

（上）　上海豫园

在大都会的中心地带，通过人工营造的小片山水和建筑，造成一种与世隔绝的安宁清幽气氛。

（中）　江苏吴江同里镇退思园

私家园林也不像皇家园林那样追求宏伟华丽的皇家气派，而是追求朴素淡雅的文人气质。根据地形关系巧妙布局，山、水、建筑融为一体。

（下）　南京瞻园

江南私家园林以素雅的格调而著称，白墙灰瓦，配以洞门漏窗，廊庑相连，山石花草错落其间，取得一种自由活泼而又庄重优雅的空间趣味。

　　不仅仅是园林，魏晋南北朝时期还有两种重要的艺术与它同时兴起，一是山水诗，一是山水画。中国古代很早就有诗歌，春秋时期的《诗经》就是采集了商周以来各地的民间诗词歌谣而成，但是那时的诗歌内容都是描绘的现实生活：国家大事、战争风云、劳动生产、男女爱情等等，没有专写自然风景的诗歌作品。而魏晋时期开始出现了不写人，专门歌颂自然山水的诗词歌赋。美术也是如此，魏晋以前的中国绘画只有人物画，没有山水画，内容也都是现实社会生活，或朝廷礼仪，或战争场面，或生活小景。山水树木只是作为人物故事的背景在画面里稍微配一点，而且应该说都画得很幼稚，说明人们没有花精力去关注自然山水之美。然而从魏晋时期开始，出现了少画人物或不画人物而专门描绘自然山水的绘画作品。今天，众所周知山水画已经成了中国画中一个重要的门类，而且是最重要的门类之一。在魏晋南北朝这一特殊的年代，山水诗、山水画和文人园林同时兴起，这绝不是偶然的巧合，而是由于这一时代特殊的历史背景，导致了人们对于自然美的觉醒。而且从此以后，一发不可收，成为了中国文学艺术中一个主要的内容和最重要的特点，一直延续至今。

　　中国古代园林除了皇家园林和私家园林以外还有一类寺庙园林和书院园林，事实上寺观园林和书院园林在文化类型上与文人园林属于同一类，其旨趣也与文人园林相似。他们所追求的不是像皇家园林那种东海神山的仙境和长生不老的幻想，而是与魏晋文人们一样逃避现实，追求自然乐趣的精神境界。寺庙园林则更是远离尘世的"净土"的象征，是佛教徒们去除世间烦恼，静心修炼的好场所。佛教的本旨就是超脱尘世，远离俗缘，去除世间的烦恼，躲到深山老林中去修养心性。所谓"名山大川僧多占"，就是这个道理。建造佛教寺庙常常选择远离闹市的深山之中，不在深山之中而在城市里建的寺庙就在周边建造园林，人工造出一方净土。书院是中国古代的学校，是文人最集中的地方，书院园林供书生士子们游览风景，在欣赏自然美景的同时修养闲情逸致，陶冶性情。佛教徒的精神修炼与文人们的性情修养在本质上是相通的。

园林也有地域风格，总的来说是北方园林比较粗犷，南方园林比较秀美，这都是因为地理气候的原因。尤其是地处亚热带的广东的岭南园林，更是一派南国风光。

园林建筑在千百年的历史过程中积累了很多经验，形成了很多造园手法，使得中国的园林艺术丰富多彩，趣味无穷。

（左）　长沙岳麓书院园林

有条件的书院也要做园林，这是
中国古代儒家教育的一种重要手
段。游览山水园林是审美，审美
可以陶冶人的情操，使人超脱俗
气，提高修养。

（右上）　园林漏窗（北京颐和园）

园林建筑与一般建筑不同之处在
于它常常为了景观的需要而有一
些特殊的做法。"漏窗"就是园
林建筑的围墙上的窗子，而不是
房屋上的窗子，围墙的两边都是
空地，没有房间，所以这窗子是
没有窗扇不需要关闭的，透过窗
子可以看到那一边的景色，所以
只是起装饰作用的。颐和园的这
一排漏窗很有名，每个窗子的形
状不同，艺术感很强。

（右下）　岭南园林（广东番禺余
荫山房）

具有广东地域特色的岭南园林一方
面是建筑造型的地域特征，还有因
为较早对外开放交流而受到外来文
化的影响。另一方面是其花卉植物
的特色，因为岭南植物品种繁多而
奇特。

（上）杭州胡雪岩故居内小庭园

小庭园也是一种园林艺术，宫殿、寺庙、住宅的后部靠围墙处常有空旷的小庭园，因为只是一段空墙壁，没有任何艺术感，所以常借用园林艺术的手法来进行处理，使之不显得单调乏味。

（下）广东番禺余荫山房小庭园

广东岭南园林中的小庭园尤其喜欢用南国植物来做装饰，甚至连墙上装饰的泥塑和对联都以南国植物为内容。因为南国植物的奇特，因而岭南园林显出与其他地方的园林不同的艺术风格。

书院是古代的学校。中国古代的学校分为官办和民办两类，官办的叫"学宫"，民办的叫"书院"。书院也可分为两类，一类是低等级的，启蒙性的，类似于今天的小学和中学。另一类是高等级的，研究性的，类似于今天的大学和研究院。书院的建筑一般有讲学的讲堂、住宿自修的斋舍、藏书楼、祭祀的专祠等。书院建筑在各方面体现出儒家所理想的教育方式和教育思想。

1. 选址与环境营造

建造书院非常讲究选址，岳麓书院选址在湖南长沙著名的风景名胜区岳麓山下，森林茂密，漫山红枫，层林尽染；白鹿洞书院建在天下名山江西庐山五老峰下，林壑幽深，溪流潺潺。中国古人理想的读书场所就是茂林修竹，环境清幽的山林之间，远离尘世，心灵安静。

书院不仅讲究选址，而且还要着力经营周边环境。例如长沙岳麓书院，不仅选址在风景优美的岳麓山下，还在书院周边开挖沟渠池塘，引山泉入园中，种植树木花草，形成四季奇景，逐渐形成了著名的"书院八景"——"桃坞烘霞"、"柳塘烟晓"、"风荷晚香"、"竹林冬翠"等等。除此之外，还要在书院内建园林，引岳麓山上的泉水流入园中，号称"百泉轩"。另外，书院后面山谷中有爱晚亭，书院前面有自卑亭，直到湘江边上有牌楼。所有这些都构成书院的环境，都是书院的组成部分。

书院建筑的选址和环境经营，都是源自于儒家的教育思想和教育方法。儒家的教育思想中有一个重要的方面就是美育，即通过艺术和审美陶冶人的情操，使之成为有文明教养的高尚的人。在书院教育中，课堂讲授仅仅是教育的一部分。在平时，书院的师生三三两两在山间溪流茂林修竹之间闲游，或谈人生，或谈学问，或谈时务，这也是教育的一部分，甚至是更重要的教育。

2. 自由的讲学

中国古代书院的教育方式是灵活自由的，特别是那种高等级的书院，就相当于我们今天的大学或者研究院。在那里教学方式非常自由，没有固定的教学时间，没有固定的班级人数。一般书院都只有一个讲堂，处在书院的最中心位置。讲堂前面两旁排列着成排的斋舍，是学生们住宿自修的地方。平时学生们主要的时间都是在自己读书研究，老师不定期地给学生们讲课。讲课时也没有固定的座位，老师坐在堂上，学生们三三两两自由地围坐在旁边听讲。讲课的内容也比较自由，并非照本宣科，而是自由地讲授，相互提问论辩。若遇请来名师大家讲授，则远近学子云集听讲，讲堂壅塞不能容下。因此很多书院的讲堂建筑做成一面全开敞的轩廊形式，当听讲人多容不下的时候，就自然向庭院中延伸。

岳麓书院宋代最盛时期，著名学者张栻主持书院，远道请来大哲学家朱熹讲课。朱张二人虽然同属理学正宗，但在一些具体的问题上学术思想仍有差异，两种不同的观点一起讲授论辩，成为学术史上著名的"朱张会讲"。史书记载当时全国各地学者云集岳麓听讲者逾千人。书院前面有一口供学子们的马匹喝水的池塘，叫"饮马池"，朱张会讲时前来听讲者之多"饮马池水立涸"，来的马匹把一池塘水都喝干了，可见当时之盛况。今天岳麓书院讲堂上仍然摆放着两把椅子，便是对当年朱张会讲的一个纪念。江苏无锡东林书院明朝万历年间著名学者顾宪成等人在此聚众讲学，倡导"读书、讲学、爱国"的精神。顾宪成撰写的名联"风声雨声读书声声声入耳，家事国事天下事事事关心"家喻户晓，一时声名大著。

（上）　岳麓书院环境

中国古代教育讲究人的心性修养和情操的陶冶，建造书院要选择风景优美之处，以优美的自然环境来陶冶人。岳麓书院选在岳麓山下；白鹿洞书院选在庐山脚下；嵩阳书院选在嵩山脚下，如此等等，都是同一个道理。

（下）　岳麓书院八景之一"风荷晚香"

书院不仅选址讲究，还要用人工手段在周边营造优美环境。岳麓书院除了选址在岳麓山下之外，还在周边营造了"八景"："风荷晚香"、"桐荫别径"、"桃坞烘霞"、"柳塘烟晓"等等。

（左上左）　岳麓书院大门

岳麓书院是中国古代四大书院之一，
位于湖南长沙岳麓山下，是今天保存
得最好，规模最大的一座古代书院。
书院建于宋代开宝年间，今年正是它
建院1040年。大门匾额上的字是宋真
宗皇帝御赐的。书院建筑属于文人建
筑风格，庄重朴素，不尚宏伟华丽。

（左上右）　白鹿洞书院

白鹿洞书院也是古代四大书院之一，
建于宋代，是国内现存最早的书院之
一。著名哲学家朱熹曾经在此讲学。
书院建于江西庐山脚下，风景秀美，
因地形关系，建筑布局随地形而富于
变化，与一般书院中轴对称的布局方
式不同，独具特色。

（左下）　嵩阳书院

位于河南登封嵩山脚下的嵩阳书院也
是中国古代四大书院之一，隋唐时最
初是一座道观，五代时改为书院，宋
代定名为"嵩阳书院"。宋代时范仲
淹、司马光、朱熹等著名学者都曾在
此讲学。建筑布局规整，是北方书院
建筑的典型。

（右）　浙江缙云独峰书院

坐落在浙江省缙云县好山山麓的独峰
书院，虽然规模不大，但选址讲究，
环境优美，建筑也具有典型的江南地
方风格。宋代著名理学家朱熹曾在此
处讲学，他的学生后来建成书院，因
而也成为朱熹讲学的纪念地。

（左上） 湘乡东山书院

湖南湘乡的东山书院始建于清朝光绪二十一年（1895年），后改为高等小学，毛泽东就在这里读的小学，建筑保存完整。最奇特之处就是书院主体建筑外一个环形水流围绕，当地人记载是像莲花，是否有模仿"辟雍"的意思不得而知。图中可以看出要跨过水流才能进入书院。

（左下左） 广州玉岩书院

位于广州市郊的萝峰山下，由一家私人办的祠堂和书院发展而来，建筑具有明显的广东地域特色。

（左下右） 玉岩书院封火山墙做法

广东传统建筑地方风格中最具特色的是封火山墙的做法，三角形封火山墙与屋面成不同坡度，墙端装饰着由卷草花纹演变成的龙纹。

（右） 岳麓书院讲堂

所有书院的核心建筑都是讲堂，书院讲堂的建筑风格一般有两个特点。一是开敞的形式，书院讲学是开放的，人数是不定的，所以建筑比较开敞；二是建筑风格朴素淡雅，不尚奢华，追求一种文人气质。

（上） 岳麓书院书院讲堂轩廊

一面没有门窗全开敞，这种建筑形式叫做"轩"，岳麓书院讲堂前面用一个全开敞的轩廊，如果听讲的人多了就自然向外延伸。当年"朱张（朱熹和张栻）会讲"的时候，全国各地学子云集，听者上千，可想当时的盛况。

（下） 岳麓书院讲堂内部

今天岳麓书院讲堂上仍然陈列着两把椅子，就是为了纪念宋代"朱张会讲"（不同学术观点在同一个讲堂上"会讲"）这种优秀的学术传统。上面"学达性天"匾是康熙皇帝题写，"道南正脉"匾为乾隆皇帝所提。

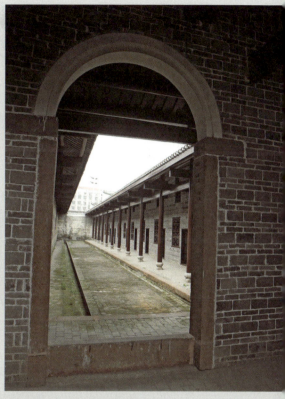

（左上）　无锡东林书院大门

无锡东林书院也是一座著名的古代书院，它以学术自由，关心国事，议论朝政而著称。中国历史上著名的"东林党"就产生在这里。

（左下）　东林书院依庸堂

当年东林书院的东林党人以议论时政，抨击朝廷"阉党"而著名。东林党的领袖顾宪成题写的对联"风声雨声读书声声声入耳，家事国事天下事事事关心"，蜚声国内。这幅名联就悬挂在东林书院的依庸堂内。

（右）　平江天岳书院斋舍

书院建筑的布局都是中央位置是讲堂，讲堂前面的两侧是斋舍，即学生住宿自修的房间。斋舍都是联排地整齐排列，图中所示就是平江天岳书院的斋舍。

岳麓书院御书楼

古代书院的另一大功能是藏书,所以一般书院都有藏书楼。岳麓书院因藏有皇帝御赐的
书籍匾额等,所以叫"御书楼"。此建筑在抗战时期被日军飞机炸毁,图中所示为20世纪
80年代重修的。

3. 祭祀文化

中国古代的祭祀其含义是感恩和纪念,在儒家的教育思想中,祭祀
本身就是教育的一部分,它是一种特殊的教育方式,通过祭祀某位人物
来教育后人。所以教育场所——学宫、书院都必定有祭祀的建筑。学宫
有文庙祭孔子,一般书院中虽然没有完整的文庙,但也有专门祭祀孔子
的殿堂。除此之外,每个书院还有自己独特的祠庙,用来纪念该书院历

史上的著名人物，书院中的这类祠庙叫"专祠"。所谓专祠，就是专门纪念某些人的祠庙。这些人或者是这个书院历史上出现过的著名学者；或者是这个书院所崇奉的某个理论学说的创始人；或者是在这个书院的建立和发展历史上做出过重要贡献的人等等。以长沙的岳麓书院为例，里面就有濂溪祠、四箴亭、崇道祠、六君子堂、船山祠等专祠。濂溪祠祭祀宋明理学的创始人周敦颐（周濂溪），因为岳麓书院是以宋明理学思想为教育主旨，当然就要祭祀宋明理学的鼻祖。四箴亭祭祀宋明理学史上两位仅次于周敦颐的重要的人物——程颢、程颐。崇道祠纪念张栻和朱熹，张栻是宋代大儒，当时岳麓书院的山长（院长），朱熹是宋代著名哲学家，宋明理学的代表人物之一。六君子堂祭祀的是在岳麓书院历史上为书院建设和发展做出过贡献的六位人物。船山祠祭祀从岳麓书院毕业的著名哲学家王夫之（王船山）。

　　书院内的祭祀建筑——专祠，其建筑体量并不大，没有多么宏伟壮丽，其风格朴素淡雅而庄严，透出一股肃穆的气氛，让人顿生崇敬之意。不仅如此，专祠建筑如果有多座放在一起，其位置的排列关系还必须符合于礼的秩序，即按人物的地位高低来排序。

　　儒家礼制思想中对于祭祀极其重视，"礼有五经，莫重于祭"。《岳麓书院学规》中首先就说"时常省问父母，朔望恭谒圣贤……"。而礼制思想又是通过教育来实现的，所以祭祀建筑就成了中国古代的学校中必不可少的建筑。

　　书院作为古代的教学场所，今天已经成为历史。但是书院那种特殊的教育方式今天仍可以为我们所借鉴，有些方面甚至正是我们今天所缺少，所需要的。

（上） 岳麓书院专祠

古代书院还有一大功能是祭祀，中国古代的祭祀不是宗教而是纪念或感恩。书院的祭祀的对象一般是在本书院创建和发展历史上有重要贡献的人物，或者是某种学说学派的重要代表人物。祭祀都要建造专祠，图中岳麓书院的专祠"崇道祠"是纪念朱熹和张栻，"六君子堂"是纪念书院历史上有过重要贡献的六位人物。

（中） 嵩阳书院先圣殿

书院也要祭祀孔子，但是它一般不能像官办的学宫那样有一个专门的文庙，而是在书院中专门建一座殿堂祭祀孔子。名称也不是像官办的学宫文庙那样统一叫"大成殿"，书院祭孔子的殿堂有各种名称，嵩阳书院的叫"先圣殿"。

（下） 广州玉岩书院文昌庙

书院祭祀除了先圣先贤外，有时还祭祀一些带有迷信色彩的神灵，文昌、魁星就是最常见的祭祀对象。文昌帝君和魁星都是传说中主管文运的神灵，古代科举考试之前，学子们常常要祭拜文昌或魁星，所以书院中常有文昌阁、魁星楼等祭祀建筑。

（上）　岳麓书院专祠位置排列

祭祀的专祠如果不止一个，其位置关系还要按照等级高低来排列。此图是岳麓书院中专祠的位置排列，其中濂溪祠祭祀宋明理学的创始人周敦颐（周濂溪），当然位置最高；四箴亭祭祀宋明理学史上两位仅次于周敦颐的重要的人物——程颢、程颐，位置次于濂溪祠；崇道祠纪念朱熹和张栻，朱熹是宋代著名哲学家，宋明理学的代表人物之一，张栻是宋代大儒，当时岳麓书院的山长（院长），位置又次于四箴亭；六君子堂祭祀的是在岳麓书院历史上为书院建设和发展做出过贡献的六位人物，地位又次一等；船山祠祭祀著名哲学家王夫之（王船山），虽然是著名人物，但他是从岳麓书院毕业的学生，所以位置排在最后。

四箴亭	濂溪祠
六君子堂	崇道祠
船山祠	碑房

（下）　辰溪五宝田村"宝凤楼"

中国古代与一般书院并存的还有大量分布于农村地区的学校，有的叫私塾、家塾、书塾，也有的叫书院。此图为湖南省辰溪县五宝田村保存下来的一座古代的村办学校——宝凤楼。四面围墙围绕一座两层楼阁，门窗栏杆雕刻精美，说明古人对教育的重视。

（八）祠堂建筑

北京太庙

在北京天安门东侧，是古代皇帝祭祖宗的地方，实际上也就是皇家的祠堂。

　　中国人是一个具有强烈的祖先崇拜意识的民族，祭祀祖宗是中国人自古以来的传统。祭祀祖宗的建筑就叫"宗庙"或"宗祠"，皇家的宗庙叫"太庙"（今北京天安门东边的劳动人民文化宫），民间一般叫"祠堂"。祠堂建筑主要有大门、前堂、正堂以及两旁的厢房所组成，按中轴对称的方式，围合成庭院。正堂内供奉着祖宗牌位，两旁有夹室，分别存放族谱和祭祀用具。

　　在中国古代宗法社会，家是最重要的社会单位，因此作为家族的代表的祠堂也就具有了非常重要的地位和作用。祠堂是一个家族最重要的地方，家族中的重要事情都必须到祠堂中去进行。家族中有人结婚，必须到祠堂去举行婚礼；家族中有人去世，必须到祠堂去举行丧礼；家族内部有重要事情，族长在这里召集族人共同商讨；若是家族内出了不肖子孙，族长就在这里召集全体族人，当着大家的面执行"家法"，打屁股，以警示告诫其他人。总之所有家族事务都到祠堂去，这种做法表明了一种观念，即凡事"必告于先祖"，当着祖宗的面进行。同时也是告诫后人不要忘记根本，所以很多家族祠堂的名称也都具有这种含义，例如"报本堂"、"敦本堂"、"叙伦堂"等等。

建祠堂的目的是教育后人，要时刻记住自己的本、家族的根在哪里。所以祠堂内堂上挂的匾额常常是这一类的内容，它往往也就是这个祠堂的堂名。

"叙伦堂"，即"叙说伦常"的意思，时时告诫严守家族内部的辈分伦理次序，不能乱了。

　　祠堂是一个家族或姓氏的代表，它体现一个家族或姓氏在地方上的地位、势力、威信和荣誉。因此祠堂之间的互相攀比就成一个不可避免的趋势，你们张家的祠堂建得宏伟壮丽，我们李家的祠堂一定要超过你，他们刘家的祠堂建得更加气派。各家各姓聚集族人，倾尽财力物力，务必把祠堂建得壮美无比，一定要超过人家。在这方面广州市内的陈家祠达到了登峰造极的地步，因为它是广东省72县的陈姓的总祠，集中的财力是其他祠堂难以与其相比的。其建筑不仅规模宏大，建筑用材之精，装饰之华美都可以说是国内首屈一指。仅就装饰而言，石雕、木雕、砖雕、泥塑、彩画等传统装饰工艺全部用上，还有当地特色的著名的广东石湾陶瓷以及西洋式的铸铁艺术和玻璃工艺等等，全部用于建筑装饰。从屋脊、墙头、墙面到梁枋构架、柱头柱础、门窗、栏杆、台基踏步等，所有部位凡能装饰的地方全部做满装饰，真可谓"无以复加"，广州陈家祠是国内古建筑装饰豪华之首。其次还有安徽绩溪县的胡氏宗祠，因为明清以来此家族中出过很多重要人物，所以祠堂建得非常宏伟。当然，从建筑规模和装饰的豪华程度上不能和广州陈家祠相比，其最具特色的装饰艺术是木雕，其木雕的精美程度冠绝海内，它也是国内最华美的祠堂之一。

　　各地家族祠堂，虽不能和国内那些著名的祠堂建筑相媲美，但是在建筑上也都是尽可能地做得豪华壮丽。例如湖南省有汝城和洞口两个县，古代祠堂建筑很多，今天保存下来的还有很多，而且都在偏远的乡村，那建筑之华丽程度都出乎人们的想象。

（左上） 广州陈家祠

祠堂是一个家族的代表，家族为显示自己的财富和实力，总要把祠堂建造得宏伟华丽，家族与家族互相攀比。广州陈家祠是广东省72县陈姓的总祠，集中强大的经济实力共同建造，建成了这座中国最豪华的祠堂。其装饰豪华程度达到无以复加。

（左下） 安徽呈坎宝纶阁

安徽省徽州区呈坎村的宝纶阁是安徽省内保存最好的祠堂之一，是徽州祠堂建筑的典型代表。是为纪念当地一位名人罗东舒先生而建，所以又叫罗氏宗祠。因有皇帝钦赐的匾额经纶收藏在祠堂后楼上，所以叫"宝纶阁"。

（右） 洞口金塘杨氏宗祠

湖南洞口县是古代祠堂比较集中的地方，至今保存着很多祠堂。洞口祠堂的特点是高大雄伟，因为祠堂是家族的象征，家族之间互相攀比，所以祠堂建筑尽可能宏伟气派。此图为金塘村的杨氏宗祠，只是一个普通家族的祠堂，竟如此壮观。

（上左） 汝城金山卢氏家庙大门

湖南汝城县祠堂数量特别多，至今保存完好的还有300余座。"汝城祠堂群"已经被列为国家级文物保护单位。汝城祠堂的特点是规模不大，但装饰极其华丽，也是家族之间互相攀比的结果。此图为金山村的卢氏家庙（家庙即祠堂），门楼装饰华丽至极，是汝城祠堂的典型代表。

（上右） 广州番禺邬公祠

祠堂建筑是最能体现建筑的地域特色的。广东传统建筑最显著的地方特色就是高耸的三角形山墙，墙顶和屋顶成不同角度。此图为广州番禺的邬公祠，其造型是广东地方特色的典型。

（右上） 衡南王氏宗祠

湖南传统建筑的地域特色之一是两端翘起的封火山墙，也叫"马头墙"，此图中衡阳衡南县的王氏宗祠是典型的湖南传统建筑造型。

（右下） 洞口金塘杨氏宗祠戏台

一般规模较大的祠堂中都会有戏台。祠堂和庙宇中的戏台的布局都是背靠大门，面朝正殿。人进大门以后从戏台下面穿过，进入庭院，回过头才看到戏台。之所以是这样布局，是因为古代庙宇中祭神时有一种"淫祀"，即演戏给神看，所以戏台要面朝正殿。

（左）　宁波秦氏支祠戏台

戏台是祠堂建筑很重要的组成部分，而且往往是祠堂中最华丽的部分。
因为它处在祠堂中最显眼的位置，又是人们聚集的地方，看戏是欣赏艺
术，建筑艺术本身也成了欣赏的对象。

（右上）　凤凰陈家祠戏台

湘西小县城凤凰有一座陈家祠，规模不大，却具有祠堂戏台的所有特
征——背靠大门，面朝正堂，通道从戏台下面穿过，建筑华丽。

（右下）　凤凰陈家祠从正堂看戏台

凤凰陈家祠的正堂做法特殊，不是一般殿堂做的隔扇门，而是做成一个
开敞的椭圆形花格门。从正堂内朝前面的戏台看去别有一番空间趣味。

（左上） 宁波秦氏支祠正堂

一般祠堂庙宇的殿堂是不做楼阁的，宁波秦氏支祠的正堂做成两层楼阁的形式，这也是比较少见的。

（左中） 祁阳李氏宗祠前堂

较大的祠堂有三进，第一进是大门，第二进为前堂，或叫"过厅"，第三进为正堂。前堂往往做成前后无门窗的全开敞式建筑，祭祀时人站在前堂中朝着供奉在后面正堂中的祖先牌位祭拜，所以前堂也叫"拜厅"或"拜殿"。

（左下） 安徽呈坎宝纶阁内装饰

祠堂建筑为了体现家族的实力，建筑造型宏伟，也非常讲究装饰。此图为安徽呈坎宝纶阁殿堂内保存下来的明代彩画装饰，也是安徽古建筑中保存最完好的室内彩画装饰。

（右上） 贵州天柱三门塘村刘氏宗祠

这是一座西洋式建筑风格的祠堂。本来祠堂是中国特有的建筑类型，西方是没有祠堂的。而这种中国特有的建筑也建成了西洋建筑式样，说明近代以来西洋文化的传入所产生的影响。

（右下） 湖南靖州林氏宗祠

这也是一座西洋建筑风格的祠堂。整体造型完全是西洋式的，但是上面的细部装饰：人物故事、飞禽走兽、吉祥图案等全都是中国的。完全是中西合璧的建筑。

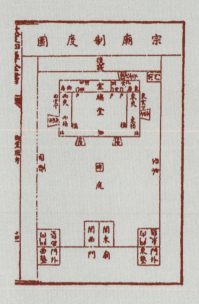

祠堂具有教育功能，古代私家办学的地方叫"塾"，最早的"塾"就是出现在祠堂里。古代祠堂大门两旁有门房，叫做"塾"。大门外两旁的分别叫"门外东塾"和"门外西塾"，大门内两旁的分别叫"门内东塾"和"门内西塾"。后来私家办学的"家塾"、"私塾"大概就是由此演变而来的。古代家族办学就在祠堂里，例如广州陈家祠，新建之初就在里面办学，成为陈氏族人读书的地方，所以又叫"陈氏书院"。

（左上） 祠堂（宗庙）中的"塾"

古代常在家族祠堂中办学，请先
生来教家族的子弟。祠堂的大门
旁边内外常有空余的房子，这种
房子叫"塾"，"门外东塾"、"门
外西塾"、"门内东塾"、"门内西
塾"。久之人们就把家庭自己办
学叫"私塾"或"家塾"了。

（左下） 广州陈家祠牌匾"陈氏
书院"

广州陈家祠也是在祠堂里办学，
专收陈氏族人子弟入学，所以又
叫"陈氏书院"。

（右上） 洞口曲塘杨氏宗祠

这又是一座西洋式建筑风格的祠
堂，更特别的是在顶上最高处竟
然做了一只老鹰，这更是西洋建
筑才有的装饰。但是其内部却是
完完全全的中国式建筑。

（右下） 曲塘杨氏宗祠戏楼

外观完全是西洋式风格的杨氏宗
祠，其内部却是地道的中国式建
筑，背靠大门是戏台，进大门后
从戏台下穿过，进入庭院。都是
典型的中国祠堂的做法特征。

（九）
会馆建筑

　　会馆是中国封建时代后期出现的一种新的建筑类型，它是商业经济
发展的产物。中国古代一直是实行"重农抑商"的政策，鼓励农业，抑
制商业的发展。直到宋朝商业经济才得以兴起，元、明、清继续发展兴
盛。会馆是异地流动的商人建造的一种公共建筑，供联谊聚会、商务活
动、文化娱乐活动，并为异地流动的商人提供生活方便。

　　会馆分为两类：行业性会馆和地域性会馆。行业性会馆由同行业的
商人们集资兴建，例如盐业会馆、布业会馆、钱业会馆等等；地域性会
馆是由旅居外地的同乡人士共同建造的，例如江西会馆、福建会馆、湖
南会馆、山西会馆、广东会馆等等。古代凡商业较为发达的地方都会有
很多会馆，当然会馆数量最多最集中的要数北京，因为各地的人都要前
往京城办事，不论是地方官吏、外地商人还是赶考的学子，大量云集于
京城，全国各地的人都在北京建会馆。

　　会馆建筑与祠堂有一共同特点，即互相攀比的倾向。祠堂是家族姓
氏之间攀比，会馆则是在商人集团或地方势力之间攀比。行业会馆是商
人集团之间的攀比，你们药材业会馆建得这样华丽，我们泥木行业会馆
一定要超过你，而他们盐商的会馆建得更加华美。地域会馆是地方势力
之间的较量，你们湖南人的会馆怎么样，我们江西人的更好，他们山西

自贡西秦会馆

这是一座行业性会馆，由山西盐商集资建造，因此又叫"盐业会馆"。这是中国最华丽的会馆之一。会馆是商业行会的形象代表，行会与行会之间互相攀比，所以会馆建造得极其豪华精美。

人的更大。这种攀比的心理倾向促使会馆建筑一个比一个宏伟华丽。例如四川自贡的西秦会馆，由山西盐商建造，其建筑造型之绮丽宏伟，其装饰艺术之华美，都可以说是全国会馆之最。清代山西商人是全国势力最强的商人集团，从全国各地现在保存下来的会馆建筑来看，几乎最大最宏伟的会馆都是山西商人的，或者山陕商人的。例如河南社旗的山陕会馆、河南周口的山陕会馆、安徽亳州的山陕会馆、河南开封的山陕甘会馆等，都是全国最大最豪华的会馆之一。

　　会馆中都有祭祀，会馆的名称也多以××庙、××宫相称。行业会馆祭祀行业的祖师爷，例如泥木建筑行业以鲁班为祖师，所以泥木行业的会馆都叫"鲁班殿"；药材行业祭祀药王孙思邈，所以药材行业的会馆多叫"孙祖殿"；屠宰行业祭祀张飞，所以屠宰行业的会馆多叫"张飞庙"。四川富顺有一座"恒侯宫"，祭祀张飞（恒侯），就是屠宰行业的会馆。地域会馆也有祭祀，祭祀地域共同的神灵。山西、陕西人敬关公，山陕商人在全国各地建的会馆都是关帝庙；福建人信奉妈祖，福建人在全国各地建的会馆都叫"天后宫"（"天后"即妈祖）。

湘潭鲁班殿

古代能工巧匠鲁班被泥木行业推崇为祖师，各地泥木行业的会馆都叫"鲁班殿"，会馆中祭祀鲁班。湖南湘潭的鲁班殿是当地泥木行业的会馆，规模并不大，但装饰艺术很有特色。大门上方的长幅泥塑塑造了湘潭古城街道商业繁荣的景象，被人们称为"湘潭的《清明上河图》"。

　　会馆中普遍建有戏台，戏台一般都在大门后面，背靠大门，面对正殿。这种布局方式起源于古代庙宇中祭神的一种仪式——"淫祀"，即演戏给神看，给神以娱乐。会馆中也要祭神，戏台建筑的做法也是和所有庙宇中的戏台一样，背对大门，面朝正殿。看来好像会馆中的戏台也是为了"娱神"，演戏给神看的。其实不然，因为会馆这种建筑出现很晚（明朝以后），这时候中国的戏曲文化已经发展得比较完善了。已经脱离了最早的祭祀娱神的原始阶段，变成了一种世俗化了的民间文化娱乐活动。因此会馆里的戏台，虽然仍然保留着原来的建筑格局，但是实际上它已经不是以娱神为目的，而是一开始就是为了人的娱乐活动而建造的了。而且会馆中的戏台一般都做得非常华丽，雕梁画栋，泥塑彩画五彩缤纷，极尽豪华之能事。

　　到了近代以后，有的会馆中的戏台就干脆脱离了庙宇中戏台建筑的传统做法，不是背靠大门，面对正殿，而是在会馆后面专门建造一栋大建筑，把戏台放在大厅中间，这座建筑就变成了一个完整的戏院，民间叫"戏园子"。而这座专门为戏台而建的大建筑就成为了整个会馆中最大的，最重要的建筑，成了整个会馆的中心。原来会馆以祭祀大殿为中心的建筑格局也被改变了，完全世俗化、商业化、娱乐化了。这种以一个大"戏园子"为中心的会馆，最著名的就是北京虎坊桥附近的湖广会馆和天津的广东会馆。北京湖广会馆保存完好，其戏院今天已经成了北京城中最大的传统戏院。天津广东会馆的戏院也是国内保存最好的古代戏院之一，今天已经成了戏剧艺术博物馆。

（左上） 自贡王爷庙

四川自贡的王爷庙是一座船帮会馆，由船运行业的商人集资建造。会馆中祭祀镇水王爷，以保佑行船的平安。建筑建造在临河的悬崖之上，举行祭祀典礼时，红灯高悬，旌旗招展，下面河中商船整齐排列，人声鼎沸，鞭炮齐鸣，场面极其壮观。王爷庙后段已经拆毁，现仅存前段戏楼及其两侧的厢房。

（左下左） 宁波庆安会馆和安澜会馆

宁波市三江口并列着的这两座会馆，都是宁波海运船商的会馆。庆安会馆是北洋船商的会馆，又叫"北号"，安澜会馆是南洋船商建造的，又叫"南号"，都是祭祀海上救苦救难的女神妈祖。与其他地方的会馆所不同的是，每一座会馆中都有两座戏台，前后院中各一座。这种布局在国内少见。

（左下右） 天津广东会馆

除了行业性会馆以外，还有一类地域性会馆，一个地方的商人在外地经商，抱团一起，互相帮助，显示实力，共同对抗其他势力。此图是广东商人在天津建造的会馆。

（右） 周口关帝庙

山西陕西人敬奉关羽，山陕商人在全国各地建造的会馆都是"关帝庙"。此图是河南周口的关帝庙，山陕两省商人合资建造的会馆。大殿前坪中央立有一座牌坊，牌坊两侧各有一座碑亭，碑亭两侧各树一根铸铁旗杆，建筑极其豪华精美，这种特殊的组合别处甚为少见。

（左上）开封山陕甘会馆

这也是一座关帝庙，由山西、陕西、甘肃三省的商人合资建造，会馆大殿中供奉关帝。这座会馆也以其建筑之豪华而著称，特别是木雕艺术。建筑梁枋斗拱门窗隔扇布满了高浮雕木雕图案，并在木雕上施以彩色，为别处所少见。

（左下）镇远万寿宫

万寿宫是江西人的会馆，供奉一个叫许逊的"福主"许真君，江西人敬奉许真君，全国各地的江西人会馆都是万寿宫。此图为贵州镇远的江西会馆万寿宫，建筑风格融合了江西和贵州的地域风格。

（右上）湘潭关圣殿春秋阁

湘潭关圣殿也是一座会馆，由北方五省商人合资建造，所以也叫"北五省会馆"。《三国演义》中关羽喜欢读《春秋》，常常行军打仗都夜读《春秋》，所以国内很多地方的关帝庙中都有"春秋楼"、"春秋阁"之类建筑。此图为湖南湘潭关圣殿中的春秋阁，其内檐下的汉白玉石雕龙柱极其精美。

（右下左）四川李庄南华宫

这是一座广东商人建造的会馆，广东人的会馆大多叫南华宫。古代广东人信道教，奉庄子为神，庄子又称"南华老祖"，所以其庙宇称"南华宫"。四川宜宾的李庄是一座古镇，古代商业繁荣，商贾云集，曾有多座会馆。现存已经不多，其中南华宫建筑造型最为特殊，屋顶式样和山墙式样均为别处少见。

（右下右）芷江天后宫

这是一座福建商人的会馆。福建人敬奉妈祖，"天后"即妈祖，福建商人在全国各地建的会馆都是天后宫。湖南湘西县城芷江，依傍河流，水运发达。古代交通运输主要靠船只水运，水运发达之处往往就是商业繁荣之地。此图为芷江天后宫的大门，牌楼式样，全部由大块青石构筑，雕刻精美。甚至雕刻有"武汉三镇"这样的大幅风景画面。

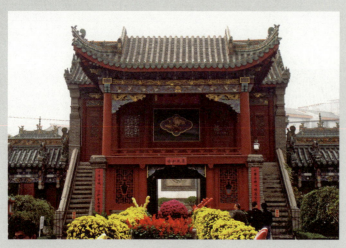

（左上）　开封山陕甘会馆戏台

多数会馆中都有戏台。会馆中的戏台与祠堂、庙宇中的戏台一样，在大门后面，背靠大门，朝向正殿，演戏给神看。因为会馆中都有祭祀，地域会馆各地都有各地敬奉的神灵，行业会馆各行各业都有自己的祖师爷。开封山陕甘会馆戏台也是如此，不同特点是它下面的通道很高，因此戏台的台面比别处的都要高。

（左下）　自贡西秦会馆戏台

自贡西秦会馆是最豪华的会馆之一，其建筑造型特别，戏台屋顶采用了中国古建筑中少见的三重檐六角盔顶式样。装饰也极其华丽，戏台内部构架及台口横梁等布满木雕，雕刻着各种人物故事和戏曲场景。

（上左）　秀山江西会馆戏台和侧面的厢楼

此图为重庆秀山万寿宫（江西会馆）的内院，从正殿内朝前面看。人进大门后穿过戏台下面进入庭院，回过头是戏台，两侧是看戏的厢楼，上下两层外廊，平时供人闲坐喝茶，演戏时作为观众座席。

（上右）　上海三山会馆戏台及两侧厢楼

上海的三山会馆是福州商人的会馆。"三山"代指福州，因福州城内有东南于山、西南乌石山、北面越王山三座山而得名。大门后面是戏台，两侧是厢楼，上下两层均可以喝茶看戏。这种格局是祠堂、会馆和其他有戏台的庙宇中通用的布局方式。

（左上）　宁波庆安会馆戏台

浙江宁波的庆安会馆和旁边的安澜会馆都是一座会馆中有两座戏台。图中可以看到前院和后院中各有一座戏台，这也是会馆建筑互相攀比，比豪华阔气的结果。

（左中）　北京湖广会馆戏台

会馆中的戏台也有极少一类纯商业性的，即不是庙宇祭神的形式，而是茶馆戏园的形式。戏台在室内大厅中，池座和楼座三方围绕戏台，摆着八仙座，一边喝茶一边看戏。

（左下）　天津广东会馆戏台

天津广东会馆的戏台和北京湖广会馆内的戏台一样，都是属于茶楼戏园的形式。这种类型的会馆戏台在国内其他地方不多。

（右上）　清朝光绪年间"茶园演剧图"

中国传统建筑中的戏台形式与中国人看戏的方式有关。中国人喜欢一边看戏一边喝茶聊天，戏园子里摆着桌子，桌上摆着茶水点心，喝茶抽烟嗑瓜子，闹哄哄的。这种看戏方式实际上是对演员的不尊重，不文明。这幅清朝光绪年间的画就是对这种看戏方式的真实写照，台上演得热闹，台下同样热闹。

（右下）洪洞县水神庙明应王殿戏曲壁画

祠堂会馆中的戏曲演出一方面是为了祭神和各种庆典活动，另一方面也有互相攀比的因素。请戏班演出也是攀比请戏班的多少、演出剧目的多少、演出时间的长短、戏班档次的高低等。今天很多地方保存下来的古戏台常常在墙壁的某处位置上还保留着当年请戏班演出的相关记载。此图就是山西洪洞县水神庙明应王殿内的一幅壁画，是当年一个著名的戏班在此演出的记录和纪念，上面写有"大行散乐忠都秀在此作场"。

十
民居

民居是一种面最广、量最大，与老百姓日常生活直接相关的建筑类型，凝结了数千年中华民族的智慧。中国传统民居的最大特征就是地域特征，各地的民居都有各自的做法，从建筑的平面布局组合、建筑造型、结构做法，直到细部装饰等都有着明显的地域特征。不仅一个省和一个省不同，甚至一个省内各个地方也不相同。中国各地的传统民居大体上可分为七种类型：合院式、天井院落式、窑洞式、干栏式、土楼式、碉楼式、毡包式。

1. 合院式民居

合院式民居即我们常说的三合院、四合院住宅。由几栋独立的建筑围合成庭院，四合院民居是最常见的，主要分布在华北、东北、西北等北方地区，以北京的四合院民居为最典型的代表。北方四合院民居的特点是四周的建筑相互独立，相互之间或以围墙或以连廊相连接，围合的庭院比较宽阔，庭院中可以种树木花草，摆放石桌石凳供人休息活动。山西的四合院喜欢把庭院做成纵向长方形平面，两边的厢房向中间靠拢，把正房的两端遮掉。

（上）　北京四合院

北京四合院是北方民居最典型
的代表，其特点是四方的建筑
（正房和厢房等）是相互独立
的，互不相连，各栋建筑之间
用围墙或廊道相连接。庭院宽
敞，院中可种植花草，搭葡萄
架，摆放石桌石凳，供人活动。

（下）　山西四合院

山西四合院的特点是两旁的厢
房向中间靠拢，使庭院变成一
个纵向的长方形空间，比北京
四合院显得狭窄。另外喜欢在
后部做两层楼阁，并且在二层
上面留出比较大的屋顶平台。

2. 天井院落式民居

天井院落式民居主要分布在华南、华东、东南、西南部分地区，主要是南方。天井院落从理论上来说也属于四合院，也是四边建筑围合成中间的庭院。但是与北方四合院所不同的是，四面的屋檐相连，屋顶上形成一个朝天的"斗"形，这就是"天井"，这天井实际上就是一个很小的庭院。四面屋顶的水向中间流入天井中，所以民间常把这种"天井"叫做"四水归堂"、"聚宝盆"。天井是只供采光、通风、排水用的，人一般不能进入天井中去活动。在安徽、江苏、湖南等部分地区，有的把天井住宅做到两层，那天井又小又深，真有点像"井"了。

3. 窑洞式民居

窑洞式民居主要分布于西北的山西、陕西等黄土高原地区。窑洞式民居分为靠山窑和平地窑两种。靠山窑利用现有的山坡斜面，削出一小片崖壁和地坪，然后在崖壁上直接挖进去，做成房间，在崖壁入口处做门窗。平地窑也叫地坑窑，是在平地上挖出数米深的四方形大坑，地坑即变成了一个地下的庭院，然后再在坑的四壁横向挖进窑洞，就像是庭院四周的房屋。

4. 干栏式民居

干栏式民居俗称"吊脚楼"。主要分布于西南地区，云南、广西、贵州、四川、重庆以及湖南西部的湘西，都广泛存在这类民居形式。干栏式建筑大多是全木结构，木柱、木屋架、木板墙壁、木地板，整个建筑由木材构成。建筑造型为两层，也有少数做三层的，底层木柱支撑架空，可作堆放柴草的杂屋，也可作猪圈牛栏，二楼上住人。干栏式建筑最大的特点有二，一是干燥防潮又凉爽；二是可以有效地利用山地。干栏式建筑可以建在山坡地上，不一定要平地，这一点非常符合于西南地区山地多平地少、土地资源非常宝贵这一现实。

（上）　南方天井院落（湖南岳阳张谷英村）

与北方四合院相对应的是南方的天井院，其特点是四方的建筑（堂屋、正房和厢房等）互相连接，屋顶上形成一个四面朝中间流水的漏斗形状，下面就是天井。天井是个小庭园，只供采光和排水，人一般不到天井中去活动。

（下）　岳阳张谷英村屋顶

南方天井院如果成片相连，则可以从屋顶上看到整齐地纵横排列的天井口。湖南岳阳的张谷英村是迄今为止能够看到的最大一个互相连接的天井院落群，整个村落连成一片整体。

（上）永州周家大院

传统民居中除了地域特色之外，经济就是比较重要的决定因素了，即所谓大宅和普通民宅的区别。所谓大宅主要不是指建筑体量的高大，而是指院落构成的建筑群的规模。按中轴对称的布局朝纵深方向发展，进深越大，进数越多，宅子就越大。湖南永州干岩头村周家大院就是一个典型的大宅，轴线最长的可达五进，且由多个大院组成一个建筑群。

（下）普通农村民居（湘潭齐白石故居）

经济条件不好的普通农民住宅有的只有一进，一座建筑横向一字排列，中间是堂屋，两旁是正房，再往两侧附带厨房杂屋等。著名画家齐白石早年家境贫寒，湖南湘潭的齐白石故居就是这种普通民宅的典型。

（上）重庆酉阳民居天井

南方民居的天井比北方民居的庭院要小很多，有时甚至只有桌面大小。

（下）两层高的天井（湖南涟源三甲村世业堂）

南方民居常有两层高的楼阁，在楼阁中做天井院，四方楼阁环绕中央的天井。这种情况下，四面楼阁的栏杆、门窗、挂落等就成为装饰的重点，使天井院成为一个艺术化的空间。

（上） 洪江"窨子屋"的屋顶

湖南洪江古城中的"窨子屋"实际上就是楼阁式天井院，四周高墙封闭，
只剩中央天井采光通风，像一个窨井，所以叫"窨子屋"。由于此地气候
炎热多雨，天井上面还要做两个小屋顶，遮蔽一部分阳光和雨水。

（右上） 湘西龙山"冲天楼"

湘西龙山县树比村的"冲天楼"是土家族民居，实际上也是天井院式的民
居，不同的是它的天井上面升起一个小亭阁，把天井盖住，完全遮掉阳光
和雨水。不过这种冲天楼即使在当地也不多见，可能是仅存不多的土家族
冲天楼了，极为宝贵。

（右下） 楼阁中的天井（洪江古镇常德会馆）

两层楼阁中做天井，楼阁建筑的采光通风就完全只能靠天井了。此图是在
楼阁上面看天井时的场景。

（下）　靠山窑民居

西北地区的山西陕西等地至今仍然保留有很多窑洞式民居，这是原始时代"穴居"的居住方式的延续，当然比原始的穴居洞窟做得讲究，但性质上是一样的。因为西北高原上气候寒冷，洞窟中保温；西北干旱少雨，居住不必要防潮，不需要过多考虑防雨和排水。窑洞又分靠山窑和平地窑两类，靠山窑是沿着山坡等高线一层层排列。每一座窑洞前留有小片平地，作为晾晒谷物和活动产所。

（右上左）　甘肃民居

西北地区的民居如甘肃、宁夏、青海等地多平顶屋。因为西北地区气候寒冷干燥少雨，民居住宅主要考虑保温，不需过多考虑防雨排水的问题。

（右上上）　地坑窑民居

地坑窑就是平地窑，在大片平地上挖一个大坑，在坑底下再向四方挖进窑洞，大坑就变成了一个四面围合的庭院，挨着大坑的一边做台阶下到坑底。

（右下）　窑洞与四合院结合

有的地方将窑洞与四合院相结合，后面靠山崖挖进窑洞，洞口外面借平地做成院落。窑洞就变成了四合院内的房间，别有一番风味。

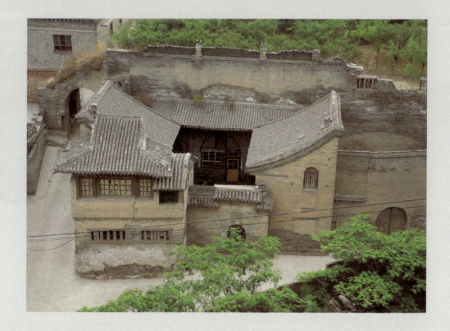

（左上） 干栏式民居（凤凰苗族民居）

中国的西南山地包括云南、广西、贵州、四川等省，包括湖南的湘西。这一地区多山，平地很少，森林茂密，气候炎热潮湿多雨。千百年来人们选择了干栏式建筑为居住方式，下层架空，人居楼上，二层上向外选跳出阳台栏杆，人们俗称"吊脚楼"。有效地解决了通风、防潮、防虫蛇的问题。

（左下） 干栏式民居（永顺土家族民居）

干栏式民居（吊脚楼）沿着山坡层层叠叠而上，一栋栋吊脚楼从密林之中显露出来，成了西南山区传统村落中常见的景象。

（右） 城镇干栏式民居（四川宜宾李庄）

西南地区以山地为主的地理气候条件产生了干栏式建筑（吊脚楼）的最合适的民居。不仅在农村，在城镇街道的商铺住宅往往也采用干栏式建筑。此图为四川的著名古镇宜宾李庄的街道商铺住宅，就是采用干栏式建筑形式，下面做商铺，上面做住宅。

（左） 奇特的干栏式民居（湖南溆浦）

干栏式民居因为其适应山区复杂地形条件的需要，往往创造出各种灵活多变的甚至奇特的建筑造型。充分表现了民间工匠的想象力和创造力，也成为了传统村落中常见的亮丽风景。

（右） 福建圆形土楼（永定振成楼）

土楼这类建筑的产生，主要是因为古代战乱和灾荒导致的人口大迁徙，移民们（客家人）来到一处往往受到当地原住民的排斥，还有匪盗的骚扰等。人们出于自我保护的需要，建起这种防御性很强的土楼式民居。土楼最多的地区是福建、广东、江西以及湖南几省交界的山区。以福建的圆形土楼最为典型，另外还有方形和其他形状的。

5. 土楼式民居

主要分布在东南部的福建、广东、江西的部分地区。土楼式民居是古代来自中原地区的移民（被称为"客家人"），为了防御土匪袭扰，自我保护而建造的大规模聚居性住宅建筑，因而其防御性极好。土楼有方形和圆形两种，尤以福建的圆形土楼最为著名，江西和广东的都是方形平面，圆形土楼像堡垒，方形土楼有的还在四个角上各升起一个小碉楼。古代移民而来的客家人，为了防御，选择聚居的形式，小的以家族为单位，一个家族或者几个家族合起来建造一座土楼；大的以村落为单位，一个村的人共建一个大土楼,可居住数百户人家。土楼建筑一般外墙用土夯筑，或用砖石砌筑。墙壁下部厚，上部薄，下部厚的地方达1米。而且为了防御的需要，下部一二层都不开窗户，因此土楼下部的房间都只能做杂屋，三四层上才开窗，用作住人的正式房间，所有房间朝向土楼内部的一面有走廊相连。小型土楼中央为空坪，供公共活动，大型土楼中央一般建有祠堂等公共建筑。

（上）　福建圆形土楼内部（永定承启楼）

土楼是移民的客家人兴建的，往往以一个大家族或者一个村为单
位，共同建造一座土楼。土楼内部庭院中央建造祠堂，祭祀共同
的祖先，也是体现一个大家族的团结和心理凝聚的中心。

（下）　江西方形土楼（赣南"围屋"）

江西的土楼（当地叫"围屋"）以方形的为主，性质和作用与福建
的圆形土楼类似，只是造型不同而已。有的还在四个角上升起一
个类似于碉堡的楼阁，更加增强了防御的功能。

6. 碉楼式民居

即藏式民居，分布于西藏以及青海、甘肃、四川、云南等靠近西藏的藏区。如果说土楼式民居是因为防御的需要而产生的，而"碉楼式"反而不是因为防御的需要，仅仅是因为其造型像碉堡，上部小下部大的梯形体块，厚厚的墙壁，小小的窗洞，平屋顶，这种造型完全是因为气候条件的原因而产生的。青藏高原海拔高，温差大，气候条件复杂，因此居住建筑要尽可能使室内空气与外界隔绝，使外界气温变化的时候对室内影响较少。而这种使室内外空气相对隔绝的建筑就需要厚墙壁、厚屋顶、小窗洞，这就是碉楼式建筑的造型。雕镂式民居的墙壁一般用土夯筑，或用土和石块混合垒筑，墙壁下部很厚，有时甚至厚达1米左右，往上逐渐减薄。平屋顶做法是先在墙上密密地平铺原木大梁，木梁上平铺厚厚的茅草，茅草上再铺盖黏土拍实，就像一层厚厚的棉被，有时为了防风吹再压上砖头石块。这种建筑能有效地适应高原地区特殊气候条件的生活需要。

7. 毡包式民居

即俗称的"蒙古包"，主要分布于内蒙古、新疆以及东北的广大草原牧区。一般人可能认为毡包式只能算是一种临时性居住设施，不能算建筑，这种说法也有道理。但是，如果把它作为一种居住方式来看，其分布地域之广，使用人口之多，不能不说它是一种很重要的民居形式。毡包式民居最大特点当然就是它的可拆卸，便于搬迁移动，最好地适应了游牧民族特殊的生产和生活方式的需要。

（上） 藏族雕楼式民居

藏族民居分布在藏区，藏区不只是西藏，而是包括了与西藏相邻的云南、四川、青海、甘肃部分地区。藏式民居的特点是上窄下宽，平顶，外观上类似于碉堡，所以叫"碉楼"，主要倒还不是为了防御的目的，只是外观形象上的原因。

（右） 维吾尔族民居阿以旺

新疆维吾尔族民居叫做"阿以旺"，主要是适应于新疆地区的气候条件而产生的。厚厚的墙壁，平屋顶，很少开窗，屋外留出较宽阔的庭院，天气好的时候就在庭院中活动。门窗做成尖券形，带有阿拉伯民族的造型特征。

在民居建筑中体现出来的地域特征可以表现在很多方面，可以是建筑的平面布局的不同，可以是建筑的造型风格的差异，也可以是所用的建筑材料不一样等等。这些不同特点的产生可能有各方面的原因，有地理气候的原因，有生产生活方式的原因，还有某些特殊的社会历史的原因。

总之，中国各地的传统民居在千百年的历史长河中，适应各种地理气候条件，适应各种特殊的生活方式和特殊的生活条件，创造出了千姿百态的建筑形式，成为了中华民族文明史上的瑰宝。也是中国古代建筑史上最丰富多彩的一页。

蒙古族毡包式民居

毡包式民居即俗称的"蒙古包"，其实并不是蒙古族特有的，例如新疆的哈萨克族等都有。毡包的构造是，内部用木条或竹条做成龙骨支撑，外面包裹动物皮毛或毛毡、帆布等。结构简单，可以随时拆卸搬运，以适应游牧民族"逐水草而居"的生活方式。

桥

　　中国古代的桥梁有不同的分类方法。按不同的建造材料可分为石桥和木桥；按结构形式可分为拱桥和梁桥；按桥身造型可分为平桥和廊桥。

　　梁桥有石梁桥和木梁桥，它们都吸取了木构建筑的榫卯结构的长处。拱桥的特点是可以用较小的材料（石块、砖块）做出较大的跨度和空间，体现了中国古代砖石拱券技术的成就。

　　廊桥上有屋顶，可以遮风避雨，所以又称"风雨桥"。它已经超出了单纯交通设施的意义，成为人们休息聚会的场所，成了一种小型的公共建筑。在我国西南部的广西、贵州和湖南的湘西地区居住着的侗族，最喜欢建造风雨桥。侗族人民好公益，在路边建凉亭，在桥上建亭廊，供路人休息。侗族人还把桥上的亭子做成小型庙宇，供奉神灵。例如湖南通道县的回龙桥，上面三座桥亭里面分别供奉着关帝、文昌和始祖。

　　中国古代桥梁还常在建筑的装饰艺术上体现一些信仰的或其他的观念因素。老百姓相信河流涨洪水是蛟龙作怪，而蜈蚣能制龙，于是各地石桥上常有用石刻蜈蚣作为装饰的。

305　　　　　　　　　　　　　　　　第二部分
特类中第
点型国二
及古部
其代分
艺建
术筑　　　　　　　　　　　　桥

河北赵县安济桥（陈凤贵摄）

位于河北赵县的安济桥就是人们常说的"赵州桥"。这是中国现存最古
老的一座敞肩石拱桥，建于隋代，距今已经1300多年。中间跨度达37米
多，桥身两旁各开两个孔洞，一方面减轻了桥身的自重，另一方面在洪
水涨上来时，两旁桥身不会阻挡洪水，减少洪水对桥身的冲击。

（上） 贵州福泉葛镜桥（易盛刚摄）

位于贵州省福泉市的葛镜桥，建于明代，由一位叫葛镜的绅士倾尽家财，费时30年建成。桥长51米多，宽5.5米，高30米，桥体依托两岸绝壁，借江心一礁石为基，设计绝妙。著名桥梁专家茅以升称其为"西南桥梁之冠"。

（下） 福建泉州洛阳桥

洛阳桥原名万安桥，它建于福建泉州市东的洛阳江上，所以叫"洛阳桥"。桥建于北宋时期，由当时泉州知州蔡襄主持修造。这是我国现存年代最早的跨海梁式大石桥，也是是世界现存最早的筏形基础梁桥。桥长834米，宽7米。桥上现存亭2座，石将军2尊，石塔5座。现为全国重点文物保护单位。

贵州镇远祝圣桥

这座桥始建于明朝洪武年间，中间多次遭
遇洪水灾害等，历时两百多年，直到清朝
雍正元年才得以建成。桥身中部矗立一座
亭阁，叫"魁星楼"，是风水观念的体现。

湖南江永寿隆桥

此桥位于湖南省江永县上甘棠村外谢沐河
上，建造年代无记载，据各方面迹象考
证，应为宋代遗构，是湖南省保存最早的
石构梁桥之一。采用仿木构的榫卯结构搭
建而成，造型古朴，构造巧妙。

（上）　寿隆桥卯榫结构

寿隆桥的卯榫结构模仿板凳的结构方式。
上面一根较宽的横梁，两头开孔，石柱头
插入孔中并从上面伸出，把桥面的石块夹
在两根石柱头的中间，起到固定作用。水
下也有一块大石梁，两边开洞，桥墩石柱
插入洞中，上下都被固定住，结构稳定。

（中）　洛阳桥桥墩

因为洛阳桥建于江海汇合处，江潮汹涌，
难以施工。工匠们首创了一种新的施工方
法，用船载石沿着桥梁中线抛下大量石
块，使江底形成一条矮石堤，然后在堤上
建桥墩，桥梁工程称之为筏形基础。桥墩
全用长条石交错垒砌，两头尖，做成船形
以分水势，减轻浪涛对桥墩的冲击。为了
巩固基石，中国古代工匠还首创了"种蛎
固基法"，即在基石上养殖牡蛎，使石头
之间胶结牢固。这是世界上把生物学应用
于桥梁工程的先例。

（下）　四川泸县龙脑桥

四川泸县保存下来一大批特殊的古代石构
梁桥，其特殊之处在于石桥墩上面雕刻出
巨大的龙头，因而人们叫他"龙桥"。全
县境内现存有170多座，大多为明清时代
的遗构，制作精美，造型风格各异。成为
中国古代桥梁中不可多得的瑰宝。

（上左）侗族风雨桥（通道迴龙桥）

侗族地区的风雨桥最具特色，不仅有遮风避雨的长廊，还在桥上建造亭阁。每座亭阁内是一个庙，祭祀关帝、文昌、始祖等，较小的桥可以只有一座亭阁，大的可以有三座。此图为湖南通道县的迴龙桥，是湖南省内侗族地区风雨桥中规模最大的一座。

（上中）浙江庆元如龙桥

廊桥是中国古代桥梁中最有特点，艺术性最强的一类。在桥身上建木构长廊，可以遮风避雨，所以有些地方叫"风雨桥"。此图为浙江庆元的如龙桥，建于明朝天启五年（1625年），是目前有确切记载的年代最早的木构廊桥。结构巧妙，造型精美，是木构廊桥的典型代表。

（上右）湖南浏阳新安桥

位于湖南浏阳县社港镇，此桥建于明末清初，结构轻巧，却立于此地400余年仍然保存完好。桥旁一棵300年的大樟树，遮荫蔽日，桥内两侧有座凳栏杆，凉风习习，整天都有人坐在桥中休息纳凉。

（右下）龙脑桥巨型龙头装饰

四川泸县的龙桥中最具代表性的是龙脑桥。中间部位的桥墩上雕刻着9尊巨大的神兽，有龙、狮、麒麟、象等。每尊神兽头像高度都超过一米，有的超过人的身高。形象生动，雕刻手法纯熟，具有很高的艺术水平。

坪坦河风雨桥群

湖南省通道县是湖南境内动族聚居最集中的地方，侗族村寨星罗棋布。有侗族
村寨必有风雨桥，流经坪坦乡的坪坦河上集中了很多侗族风雨桥，造型式样各
不相同，多姿多彩，成为侗族地区一道亮丽的风景。

（上）风雨桥供路人休息

侗族人勤劳淳朴，热心于公益。风雨桥除了交通功能外，很大程度上是一个公益设施，桥内两侧安有座凳，为路人提供休息和遮风避雨的场所。

（中）通道坪坦乡文星桥

湖南通道县坪坦乡的文星桥最有意思，在人行通道的桥廊一侧又加了一道较矮的桥廊，专供牲畜通行。人与牲畜分开，这样能比较好地保持人行桥廊的清洁，设想得非常周到。

（下左）桥墩上的蜈蚣图案装饰

由于桥是建在水上的，因而常带有信仰的因素。古人迷信河流涨洪水是蛟龙作怪，又有传说蛟龙害怕蜈蚣，于是人们常把蜈蚣的图案刻在桥墩上，以"震慑"河中的蛟龙。这种装饰很多地方都有，此图为建造于清代的岳阳三眼桥桥墩。

（下右）东安斩龙桥神人斩龙装饰

湖南东安县的斩龙桥也是出于这种信仰因素，相传古代有神人斩杀了作孽的蛟龙，解除了当地的水患。于是老百姓建桥取名"斩龙桥"，并把神人斩龙的形象刻在桥拱石块上。

牌坊，也叫牌楼，牌楼上面的小屋顶叫"楼"，"牌楼"一词即由此而来。牌楼的造型也由开间数和"楼"的数量来称呼，例如"三间三楼"、"三间五楼"等。

从材料和结构上说，牌坊有木构和石构两类。南方的牌坊以石构为多，适应南方地区炎热潮湿的气候条件。从功能性质上大体上分为两类：一类是标志性牌坊，一类是纪念性牌坊。标志性牌坊一般立于某一重要建筑入口之前，成为重要建筑的前奏和标志。例如某庙宇前面的大路口立一座牌坊，昭告人们到了什么地方，要恭敬庄肃了。

纪念性牌坊是中国古代一种特殊的纪念性建筑，所谓表彰和纪念，是中国古代封建社会弘扬道德思想的一种手段。国家通过对某人的表彰和纪念来宣传一种道德理想，用以教化民众。被表彰和纪念的人主要有几类，积德行善的好人、坚守贞节的女性、读书做官的才俊、甚至健康长寿的老人等。而且这种表彰都必须是皇帝亲自表彰，我们可以看到一般牌楼的正中间最上面都有一块较小的竖匾，上书"圣旨"或者"恩荣"，表明是皇帝亲自下旨表彰，古代规定没有皇帝的圣旨是不能立牌坊的。

北京十三陵牌坊（杜一鸣摄）

牌坊是中国古代的纪念性建筑，一般用于纪念人物。帝王陵墓前常有牌坊，以纪念帝王
生前的功绩。此图为北京明朝十三陵入口处的牌坊，十三陵是明朝十三位皇帝陵墓的陵
区，这座牌坊为陵区的总入口，是陵区的标志。像这种五开间的牌坊属于大型牌坊，别
处一般少见。

（上）　北京雍和宫牌坊

北方城市中的牌坊多为木构牌坊，只在下部做石墩，上部全木结构，斗栱、雕花等制作极其精美华丽，具有很强的装饰性。它们往往成为城市中某一区域地段的标志。

（下）　上海文庙牌坊

全国各地的文庙中一般都有牌坊，最主要的就是"棂星门"，棂星门一般都是牌坊门，而且一般都是"冲天牌坊"的式样，即几根柱子一直冲上去，没有屋顶盖住。

古画中的北京东四牌楼和西四牌楼

牌楼往往成为城市中的地理标志，例如北京著名的"东四"就是在紫禁城东边的交叉路口曾经有四座牌楼，"东单"就是一座牌楼。对称的在紫禁城西边的"西四"和"西单"也是同样。此图是清朝的一幅古画《都畿水利图卷》，图中就清楚地画出了东四、东单、西四、西单当时的场景，可惜今天那里已经没有牌楼了。

（上）　安徽黟县西递村牌坊（黄磊摄）

中国古代牌坊中，数量最多的还是纪念人物的牌坊。古代凡要纪念某个人，就给他建一座牌坊。博得功名，中状元、做大官的；积德行善，乐善好施，做好人好事的；女性坚守贞操的等等，都要建牌坊以为纪念。此图为安徽黟县西递村中的一座功名牌坊，纪念一位做大官的人物。

（下）　安徽歙县许国牌坊（黄磊摄）

这也是一座功名牌坊，为纪念一位叫许国的人而建，许国是明朝一位朝廷重臣，曾经为国立过大功。此牌坊建于歙县县城中，八脚四面，立于十字交叉的街道中央。这种造型的牌坊在国内现存的牌坊中罕见。

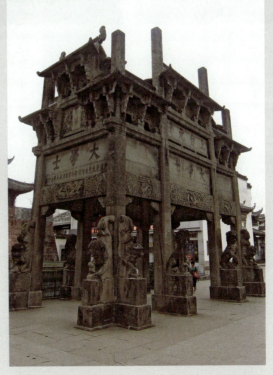

（上左） 湖南汝城绣衣坊

这也是一座纪念牌坊，明代一批地方官员为纪念前代监察御史范辂反对宁王朱宸濠和宦官勾结谋反的功绩而建此牌坊。整座牌坊由白石建造，造型古朴，与今天常见的清代做法不同，是湖南省内保存最古老的牌坊之一，具有很高的艺术价值。

（上中） 湖南澧县余家牌坊

这是一座贞节牌坊，位于湖南省澧县车溪乡，建于清道光年间。余氏之妻因夫君早逝节孝守寡，养育幼子学业有成。经道光皇帝御批建牌坊以为纪念。牌坊由汉白玉石建造，雕刻之精美为省内乃至国内少见。

（上右） 安徽绩溪"双寿承恩坊"

牌坊作为一种纪念和表彰性的建筑，纪念表彰各种人物的都有，表彰寿星老人的不多，这也是儒家文化尊老的一种表现。位于安徽绩溪县许村的"双寿承恩坊"建造于明代，纪念一位乐善好施的徽商许世积，老人活到101岁，夫人103岁，朝廷特予立牌坊旌表。

（下左） 余家牌坊细部

牌坊作为一种纪念性建筑，没有实用功能，只有精神上的意义。所以它是作为一个艺术品而存在的，所有牌坊都是造型巧妙，装饰精美。此图为湖南澧县余家牌坊的细部装饰，整座牌坊由汉白玉石雕琢而成，玲珑剔透，精美无比。

（下右） 山东曲阜孔庙牌坊群

祭祀孔子的孔庙文庙中的牌坊有着特殊的含义。遍布全国各地的孔庙文庙都有牌坊，牌坊上的匾额都是"德配天地"、"道贯古今"、"金声玉振"、"肃雍和鸣"、"礼门"、"义路"、"圣域"、"贤关"等与儒家道德修养相关的词语。

中国现存最大规模的牌坊群——安徽歙县棠樾村牌坊群，一连七座牌坊矗立在村外的大道上。这个牌坊群就是为了表彰棠樾村中的一个大家族——鲍氏家族的贡献。鲍氏家族自南宋时前来此地，世代居住在棠樾村。家族中男性大多在外经商、读书、做官，为国家做出了很大的贡献；女人们在家相夫教子，孝敬老人，友爱乡里，多次得到皇帝的表彰，因此建了那么多的牌坊。

中国古代建筑蕴含着深厚的文化内涵，每种建筑类型都代表着一种文化类型。它们是中国古代数千年文明史的形象表达，所谓"建筑是石头的史书"就是这个意思，它比任何文字的历史都更直接、更真实。所以我们今天必须要好好珍惜，好好保护这些珍贵的历史遗产。

安徽歙县棠樾村牌坊群

安徽歙县棠樾村的鲍氏家族读书做官，经商致富，世代相传。
男性在外或者科举入仕做大官，或者经商致富报效国家；女性
在家相夫教子，乐善好施，友爱乡邻，出了不少名人，几代人
受到朝廷的表彰。每表彰一位，就建一座牌坊，于是留下了这
一组国内罕见的家族牌坊群。

图书在版编目（CIP）数据

中国古代建筑艺术／柳肃著. —北京：中国建筑
工业出版社，2016.10（2021.3重印）
ISBN 978-7-112-19876-4

Ⅰ.①中… Ⅱ.①柳… Ⅲ.①古建筑－建筑艺
术－中国 Ⅳ.①TU-092.2

中国版本图书馆CIP数据核字（2016）第223975号

　　"建筑是石头的史书"，也是古人留下的艺术作品。建筑中还包含着哲学、政治、宗教、文学艺术、生活方式等等各种精神的、物质的文化内容。遍布全国各地的古建筑不仅是弥足珍贵的中华民族的优秀文化遗产，也是我们今天旅游观光，丰富的文化生活中不可或缺的一部分。此课程主要以图片的形式介绍了中国古建筑的一般特点，分门别类解说了宫殿、园林、寺庙、书院、祠堂、会馆、居民等等各类古建筑。总之，学完此课程让我们能够看懂古建筑，欣赏古建筑。这是一门面向全社会的普及性课程，不论文、理、工、农、医哪个学科的人都可以学。虽然古建筑属于建筑学的学科门类，但是本课程重在通俗性、知识性和趣味性，基本不涉及建筑专业技术问题。

　　本书可配套：中国大学mooc网站《中国古代建筑艺术》课程使用。

责任编辑：陈　桦　杨　琪
责任校对：王宇枢　党　蕾

中国古代建筑艺术
柳肃　著

*

中国建筑工业出版社出版、发行（北京海淀三里河路9号）
各地新华书店、建筑书店经销
北京锋尚制版有限公司制版
临西县阅读时光印刷有限公司印刷

*

开本：787毫米×960毫米　1/16　印张：20¼　字数：258千字
2016年11月第一版　2021年3月第二次印刷

定价：99.00元
ISBN 978-7-112-19876-4
（36944）